U0176339

我和我的导师(第二辑)

MY SUPERVISOR AND I (VOLUME 2)

中国地质大学(武汉)研究生院
中国地质大学(武汉)党委研究生工作部 编

中国地质大学出版社
CHINA UNIVERSITY OF GEOSCIENCES PRESS

图书在版编目(CIP)数据

我和我的导师.第二辑/中国地质大学(武汉)研究生院,中国地质大学
(武汉)党委研究生工作部编. —武汉:中国地质大学出版社,2022.9
ISBN 978-7-5625-5280-2

Ⅰ.①我…　　Ⅱ.①中…　②中…　　Ⅲ.①中国地质大学(武汉)研究
生院-校史　Ⅳ.①P5-40

中国版本图书馆 CIP 数据核字(2022)第 099417 号

我和我的导师(第二辑)	中国地质大学(武汉)研究生院 中国地质大学(武汉)党委研究生工作部	编

责任编辑:李焕杰	选题策划:唐然坤	责任校对:徐蕾蕾

出版发行:中国地质大学出版社(武汉市洪山区鲁磨路 388 号)　邮编:430074
电话:(027)67883511　　　传真:(027)67883580　　E-mail:cbb@cug.edu.cn
经销:全国新华书店　　　　　　　　　　　　　　　http://cugp.cug.edu.cn

开本:787 毫米×960 毫米　1/16	字数:203 千字　　印张:16
版次:2022 年 9 月第 1 版	印次:2022 年 9 月第 1 次印刷
印刷:武汉市籍缘印刷厂	印数:1—500 册

ISBN 978-7-5625-5280-2　　　　　　　　　　　　　定价:78.00 元

如有印装质量问题请与印刷厂联系调换

《我和我的导师(第二辑)》
编委会

序

百年大计,教育为本;教育大计,教师为本。教师承担着振兴国家教育事业、培育民族复兴接班人的重任,他们使命光荣,责任重大。习近平总书记同北京师范大学师生代表座谈时指出,教师重要,就在于教师的工作是塑造灵魂、塑造生命、塑造人的工作。研究生导师是一个特殊的教师群体,他们承担着培养高层次人才的重任,从讲台到学生身边,从学生阶段延续终生,是研究生学术道路、人生道路的引路人。

从学生与导师的第一次邮件联系到毕业论文中由衷的致谢,相处的点点滴滴汇聚了师生间亦师亦友的难忘时光。导师传授知识、关爱学生,学生接受知识、尊重导师,在这无私的知识传承过程中积累的是一辈子的师生情。

师生情是相遇。学生遇到潜心育人的导师是缘分,导师遇到踏实乐学的学生也是缘分。导师与学生的相互吸引是时空与知识的交互,是情感与价值的认同,是精神与理念的传承,也是一份难得的"懂得"。

师生情是相长。导师与学生在交流中的每一次深入探讨与思维碰撞都是"教"与"学"过程中的自然经历。持续总结与反思使师生交流更有深度、更有质量,凝结成的学术成果是师生情最好的见证。

师生情是相忆。求学阶段是人生最宝贵的时光,学生在跟随导师学习的过程中,有面对困惑时的焦虑,有身处选择时的犹豫,也有取得成功时的喜悦。导师不仅为学生传授专业知识、拓宽专业视野，更会在言传身教中让学生发现真善美、坚持真理、追求高尚人格。来自导师的一分理解、一句教诲、一次鼓励和一份认同都将成为学生心中最温暖的片断。多年以后，师生往事历历在目，彼此深藏。

2018 年，学校组织编写了《我和我的导师》一书，书中 26 位学生讲述了自己和导师的感人故事。字里行间流露出师生间真挚的情感，充满了学生对导师的感恩与思念。在中国地质大学 70 周年校庆之际，学校再次组织编写《我和我的导师(第二辑)》，该书记录了更多学生与导师的感人故事。让我们在学生的讲述中一起感受教师职业的责任、感受这些教师榜样的用心付出、体会教师工作的幸福感与价值感，让这些优良的作风为年轻教师引路，一代一代传承下去。

回顾学校多年来的人才培养和研究生教育工作，每一位导师都是学生培养的积极参与者，也是学校发展历程的见证者。多年来，学校一批批优秀的导师踏实工作、潜心育人、默默付出。这些导师中有两院院士，有全国最美教师，有全国优秀教师，有国家级教学名师，更多的是一些默默无闻的奉献者。他们为国家培养了一批又一批的杰出人才，也为全校教师树立了职业典范。

祝愿我校涌现出越来越多的模范导师，培养出更多的优秀研究生，愿我校越办越好，为祖国的民族复兴大业提供人才支撑。

是为序。

2022 年 8 月 1 日

前　言

　　研究生教育肩负着高层次人才培养的重要使命,是国家发展、社会进步的重要基石,也是建设研究型大学的核心工作。高质量的导师队伍是实践为党育人、为国育才的主力军。要提升研究生教育与培养质量,必须切实加强研究生导师队伍建设,关注其政治素质、师德师风、专业水平、育人能力,持续打造一流的研究生导师队伍。2020年召开的全国研究生教育会议是中华人民共和国成立后第一次举办的全国研究生教育工作会议,是中国高等教育界的一件大事。习近平总书记对研究生教育工作作出重要指示,要求提升导师队伍水平,完善人才培养体系,加快培养国家急需的高层次人才,为坚持和发展中国特色社会主义、实现中华民族伟大复兴的中国梦作出贡献。中国地质大学(武汉)贯彻落实全国研究生教育会议精神并召开了专题研讨会暨学校研究生教育工作会议启动会,这些无不彰显着学校研究生教育工作迈入了一个崭新的阶段。

　　长期以来,学校高度重视研究生教育工作,秉承"品德高尚、基础厚实、专业精深、知行合一"的办学理念,培养了数以万计的硕士和博士研究生,他们正走在国家建设发展的最前沿,而学校也进入建设国内外知名研究型大学的发展新阶段。学校教育功能的发挥、办学事业的发展与高层次人才的培养密不可分,也离不开每一位研究生导师的辛勤工作与无私奉献。导师用自己的知识提升学生的专业认知,用自身的才德提升学生的精神境界;他们把育人的情怀装在心里,把育才的责任扛在肩上;他们是学生成长成才道路上的引路人和推动者,也是学校教育事业发展的缔造者和守护神。他们的每一份付出都应该被记录下来,被珍藏于心,成为学校的财富和骄傲!

2017年学校研究生院在微信公众号中推出了"我和我的导师"栏目,并开展征文活动,让学生以纪实的手法全方位多角度地讲叙导师在师德师风、教学科研、社会服务和立德树人等方面的真实事迹。学生朴素平实的文字真实再现了与导师相处的点滴和对导师的感激之情。2018年,适逢国家改革开放和全面恢复研究生招生培养40周年,我们首次编写了《我和我的导师》一书。该书在师生中产生了极大的反响,老师和学生的热情反馈让我们看到了这本书的实践意义和育人价值。

今年,学校迎来70周年校庆,我们再次编写《我和我的导师(第二辑)》,以此表达对导师们的感激之情,并期望将此书的内容呈现给更多的读者,将师生间浓浓的情谊从文字间注入心底,充分表达我们对教师的尊重和敬仰。本次编写从策划启动到最后成册,凝聚了太多人的智慧与心血,统稿期间得到了培养单位、导师和研究生们的大力支持,出版社老师们的精心编辑、辛劳付出,书稿经过反复修订,终于近日付梓。在此,编委会向大家表示衷心感谢!

我们真诚地希望"我和我的导师"征文活动能持续开展,并成为一个有质量、有温度、开放式的栏目,成为共创优秀导学关系的新平台。愿地大人的师生故事能更加动人、精彩;愿师生情谊能感动更多的人,代代相颂;愿迈入新时代的中国地质大学(武汉)涌现出更多优秀的研究生导师,去帮助学生们筑梦、追梦、圆梦,成为国家发展的栋梁;愿我们的学校在尊师兴教的氛围中,早日实现多学科领域快速与可持续地向好、向优、向强发展。

本书的稿件来自学生,编委在编辑过程中既要保留文风特点,又不得不注重篇幅重心,力求将原汁情感精准呈现。编委虽已付出努力,但限于水平,难避疏漏,恳请各位读者不吝赐教。

编委会

2022 年 9 月 1 日

V

目 录

1

深耕细作，育人不倦
——傅安洲老师与学生的故事

导师简介

　　傅安洲，男，江苏省丰县人，中共党员，曾任中国地质大学(武汉)党委常委、党委副书记、副校长，现为马克思主义学院教授，博士生导师。1997—1998年赴德国法兰克福大学访问学习。长期从事思想政治教育实践与理论研究工作。主要研究领域为马克思主义理论、思想政治教育学、中外思想政治教育比较研究。主持2项国家社会科学基金项目和多项省部级课题。在《人民日报》(理论版)《光明日报》《比较教育研究》《高等教育研究》《清华大学教育研究》等报刊发表文章100余篇，被中国人民大学《复印报刊资料》全文转载19篇，另有多篇政策咨文被《新华社内参》《光明日报内参》刊载。编著出版了《德国政治教育研究》(人民出版社)等多部专著。曾荣获中国地质大学(武汉)"三育人标兵"称号，先后获得全国教育科学研究优秀成果奖三等奖，湖北省高等学校优秀教学成果奖一等奖、二等奖等多个省部级奖励。指导的学生论文被评为全国思想政治教育学科优秀博士学位论文(1篇)及湖北省优秀硕士学位论文(1篇)。

　　傅老师长期从事高校学生思想政治教育实践和理论研究工作。1997年傅老师受国家留学基金委资助赴德国法兰克福大学访问学习,开始了对德国政治教育的研究。这拓展了他开展思想政治教育国别与国际比较研究的视野,并确立了他政治教育比较研究的学术方向。在接下来的二十多年,傅老师抱着对一门科学学习最简单的目的,瞄准政治教育比较研究的科学问题,开启了一条寻常但却充满艰辛的学术探索之路。

　　我有幸能加入这样的学术探索之中。作为本校思想政治教育专业毕业的研究生,同时也是学校办公室联络傅老师(傅老师时任学校党委副书记)的工作人员,我慢慢开始接触他的学术思想,并在他的指导下从事一些研究工作。按照傅老师学术研究的一般路径,其学术研究的主要目标便是在国外政治教育比较研究和批判借鉴的基础上,在我国思想政治教育学科之下,建立起具有中国特色和风格的政治教育学学科。学科建立的两大基石,即确立研究对象与构建学科基本范畴。某一学科的基本范畴是该学科知识体系中最重要的概念,是学科体系构建的骨架。在明确研究对象的基础上,对政治教学范畴开展研究,是政治教育学建设的基本理论工作,也是政治教育理论实现其科学形态的基本任务。

　　正是在傅老师这一学术思想的指引下,我开始了《政治教育学范畴研究》博士学位论文的撰写之路。尽管那时傅老师承担的党务和管理工作任务十分繁重,但是他仍然挤出时间,利用周末和晚上给研究生以悉心指导。开组会时,傅老师会经常讲:"对于博士研究生的选题,指导老师和大家实际上处于同一条起跑线。导师提供给大家的更多是思维方法,而真正的创新还得靠大家自己勤奋思索与不懈探究。"尽管如此,傅老师对我的博士论文《政治教育学范畴研究》的撰写,甚至比我还上心。

从傅老师对学术的追求和对学生的指导中,我能感受到,傅老师对学术研究的执着,不仅体现在他对政治教育比较研究这一学术领域几十年如一日的孜孜耕耘中,也体现在他对政治教育研究学术思想的宏观把握与建构中,更体现在他对每一个学生开展学术指导时科学思维及修养的精细塑造中。

在我思考和撰写博士论文期间,傅老师因眼睛患虹膜睫状体炎曾先后两次短暂住院。我在病房里陪他的时候,他还躺在床上跟我讨论政治教育学的基本范畴到底应该有哪些。我清楚记得,他觉得政治文化一定是政治教育学的一个基本范畴,但是这个范畴到底应该在政治教育学范畴逻辑链条的哪一个环节(基项范畴、起点范畴、中介范畴或环境范畴等),需要充分的思考和论证。他还提出政治文化与政治教育的协调演化,是把握政治教育发展规律的钥匙,也是跨文化理解各国政治教育演进变迁的关键。因此,在基础研究和国际比较研究中,要特别重视对重大政治文化变革与政治教育变革事件及其关系的考察和循证。实际上,只要我和他在一起,他就跟我讨论我的博士学位论文,比如哪些应该是范畴,哪些只是学科中的一般概念,或者探讨范畴应该在逻辑链条中的哪一个环节及其科学性何在。正是在这样反复的推敲思索中,整个18万字的论文几乎花了7年时间才完成。其中,最让我紧张的是,在博士论文匿名评审已经通过,且其中两位评委评分在90分以上,所有答辩前手续已经完成,即将答辩的前两天,傅老师忽然对我说:"要不我们再推迟半年答辩,再把论文认真修改完善一下?"

博士论文答辩虽然还是如期举行,且论文在次年(2014年)还被评为首届全国高校思想政治教育学科优秀博士学位论文（全国共8篇，《政治教育学范畴研究》排在第二位。该评选是为纪念思想政治教育学科成立30周年，由教育部思政司和全国高校思想政治教育研究会组织开展的评选活动），但是我觉得傅老师对论文其实还不是很满意。我能感受到他关于政治教育研究的学术思想，我还没有完全理解，也还没有在论文中更好地贯彻，博士论文的学术拓展还没有到达他想要的高度和深度。

ⓦ 作者博士论文答辩合影

至今，虽然我博士毕业已近十年，但是傅老师每次有好的想法、看到好的作品、收罗到好的书籍，他总是马上跟学生分享或推荐给学生。我想，一方面是他希望学生能够更好地理解他的学术思想和思维方式，另一方面是他希望学生能从这些好的观点、好的书籍及科学的思想中提升修养。

记得在2021年10月，他在给青年教师准备《经"科学"达成"修养"：关于课程思政基本原理与实践逻辑的思考》报告之前，又给我打来电话，让研究生们率先在小范围内进行讨论分享，以便能够更好集中精力理解和吸收。傅老师认为，"课程思政"不是"课程"粘贴"思政"、拼接"思政"，不能仅仅理解为在学科课程知识体系中刻意寻找思政元素，应理解为在从学科专业角度对知识进行分类而建构的科学知识模块基础上开展的一种深度的教育实践,所有课程内在地蕴含着帮助学生认识事实世界(自然界、人类社会、人类思维)和构建意义世界(价值世界)的双重属性。课程思政的实质是告诉我们,科学真理是思想道德修养最好的"材料",科学的习得和探索过程是达至理想道德人格最有效的路径。只要探索科学的活动蓬勃开展,修养的目标就会随之得以实现,也只有系统的科学知识学习和科学研究才能培养最杰出的人才。课程思政的实质,是建立在深度教学基础上的深度学习。

从傅老师跟我讲授研究生课程——"思想政治教育前沿问题研究"至今已有二十余年,尽管我能够对傅老师的学术思想或想法有所理解,但是每次听他讲述他对某一科学议题的学术想法和观点时,我总有茅塞顿开和豁然贯通的感觉。

其中的原因,我想傅老师不仅仅是在给学生传授科学知识、学术思想,更多的还是希望引导学生在科学探索的旅程中,不断提升个人的学术修养和道德品质。这或许也是我在艰难学术道路上能够做一点理论探索最大的幸事和收获吧!

作者简介

　　黄少成，男，湖北仙桃人，法学博士，中国地质大学(武汉)马克思主义学院教授、博士生导师。截至2021年，主持教育部人文社会科学基金项目2项、湖北省哲学社会科学重大项目1项及其他省部级项目10余项，作为骨干成员参与国家重大项目、国家社会科学基金项目多项，入选"湖北省高等学校马克思主义中青年理论家培养计划"。曾在《光明日报》(理论版)和《清华大学教育研究》《国家教育行政学院学报》《复旦教育论坛》等重要报刊发表理论文章40余篇，其中有多篇被中国人民大学《复印报刊资料》和《中国社会科学文摘》转载或摘编。博士学位论文被评为全国思想政治教育学科优秀博士学位论文，撰写的著作先后获得高校德育创新发展研究成果一等奖(2012年，教育部高等学校社会科学发展研究中心颁发)、全国教育科学研究优秀成果奖三等奖(2016年)、武汉市社会科学优秀成果奖二等奖(2017年)，编著的《大学生理论宣讲与实践创新案例精编》入选教育部思想政治教育文库(2020年)。

2

致力于人才培养的"山水"教授
——李长安老师与学生的故事

导师简介

　　李长安,男,河北邯郸人,教授,博士生导师。曾任第十二届全国政协委员、第九届湖北省政协委员、第十届湖北省政协常委、第十二届和第十三届武汉市人大常委会委员和武汉市人民政府参事。主要研究方向为河流地貌过程、第四纪地质与环境、流域资源环境与可持续发展等。获省部级自然科学奖和科学技术进步奖二等奖(5 项)、三等奖(4 项)。获第一届"全国优秀地理科技工作者"、首届"全国科普工作先进工作者"、"湖北科技传播十大杰出人物"、"湖北省环境保护先进个人"、武汉市湖泊保护工作"先进个人"、"中国地质大学(武汉)首届教学名师"及中国地质大学(武汉)"研究生的良师益友"等荣誉称号。

李长安老师是我的授业恩师，十年地大，李老师带了我七年。从本科毕业设计到硕士论文，再到博士论文；从江汉平原的江陵剖面到洞庭盆地的沅江钻孔，再到业界闻名的宜昌砾石层；从国家自然科学基金委的"长江上游水系拓展过程的地貌与碎屑锆石年龄双重约束"项目到中国地质调查局的"江汉－洞庭平原地下水资源及其环境问题调查评价"项目，再到武汉市人民政府的"武汉城市地质调查第四纪地质专题调查与研究"项目；从国家重点实验室的X射线衍射实验室到中国地震局地质研究所的新构造与年代学实验室，再到德国波茨坦地学研究中心……其中的每一个进步，都饱含着李老师的付出，更饱含着李老师对我的鼓励与期望。

初识李老师

2006年9月，我来到地大，开启了十年的地大求学生涯。2007年下半年，也就是大二的上学期，在必修课"地貌学与第四纪地质学"上我第一次认识了李老师。第一节课上课之前，同学告诉我这门课程的授课人是位"大咖"。等到上课的时候，一位个头不高、面露威严的老师走上讲台，他没有像别的专业课老师一样打开电脑，双击PPT，而是在沉默了一小段时间后，用一种近乎冷峻的语气对大家说："你们可能从网上查过我的资料，网上说我对地大这个学科的贡献有多大，那都是虚的！我对地大这个学科最大的贡献是一直拖着，没让它从学科建设中消失！"满座哗然。片刻之后，他缓缓地说："希望你们能够用心学，将地貌学与第四纪地质学发展下去。不过，学习不只是学专业术语与专业方法，更重要的是培养自己的地质思维。"地质思维，这四个字从此在我心中扎下了根。

第一次出野外

2009 年 7 月，我跟随李老师去江汉平原出野外，并以此次调查的资料为基础完成了我的本科毕业设计。同去的还有孟秋、波哥和得爱三位同学。本科毕业后，波哥回成都工作，得爱前往北京深造，我和孟秋都成了李老师的研究生。

🌀 **2009 年 7 月作者与李老师一起在荆州实习**

我们第一个看的剖面就是江陵剖面，当时刚好有挖掘机在作业，挖出几段古树，大家欢呼雀跃，进行了样品编号，准备在野簿上记录。这时李老师问道："你们说说，这些古树有什么特征，说明了什么问题？"大家就讨论了起来。之后，李老师总结道："大伙儿说的话倒是有道理，但是东一榔头西一棒槌，没个系统。首先看形态，这几段古树都是树干，没有树枝，树干附有树皮，但保存极不完整，部分还存有明显的撞痕，强烈的外力作用明显，这是古树的特征；其次看开挖时的状态，这几段古树都为单个产出，没有交叉叠置分布，呈平卧状，倒伏面与剖面的层理平行，这是埋藏特征；最后看相关信息，刚才我同挖掘机师傅聊天，他和我说以前采土过程中在相同的层位发现过很多类似的古树,相关文献中也有报道,这叫资料收集。综合以上三方面可知,这些古树是异地埋藏,它们的搬运与古洪水有关!"大家听得聚精会神,都忘了在野簿上及时记下来了。末了,李老师补充道:"资料整理,现场调查,仔细观察,合理推断,得出结论,这就是地质思维!"

◊ 2010 年 10 月李老师在京山讲解下蜀土

第一次参加项目

2011 年 10 月,刚上研二的我参加了中国地质调查局"江汉 – 洞庭平原地下水资源及其环境问题调查评价"项目。为了能让我们几个参加项目的学生对全区有所了解,李老师带着大伙在江汉 – 洞庭盆地分阶段进行了为期四个月的野外调查。幸运的是,每次野外我都有参与,这些珍贵的第一手资料为我日后的博士论文撰写打下了坚实的基础。

野外调查中,李老师非常注重内容描述的详细程度。用他自己的话说:"条理要清晰,内容描述越详细越好,把能联想到的科学问题都记下来!"他总是让我们先描述,然后他当场修改。在这种言传身教下,师兄弟们在剖面的描述上都成了一把好手,以至于前段时间传义师弟在朋友圈里晒了一张定向排列非常好的砾石层照片，师兄弟们的评论成了最大亮点："产状量了没？砾石的砾径、岩性、磨圆度、风化程度统计了没？周围地层对比了没？""阶地找了没？拍照放比例尺了没？重砂样取了没？""野簿及时记了没？样品及时送了没？GPS定点了没？"……现在想起这件事，我们还忍俊不禁。

● 2012 年 3 月李老师在湖南野外指导钻孔编录

除此之外，李老师非常注意培养大家及时归纳总结的能力。他担心大家白天出野外，晚上聊聊天就把时间浪费了。因此，每次出野外他都要求写野外总结。有几次出野外，只有我和李老师两个人，每次晚饭过后，李老师都会看地质图，我在一旁整理野簿，这样的工作基本上每天都要干到晚上 11 点左右。当野簿整理完毕的时候，李老师会认真检查，大到描述内容，小到一条不整合线的位置。检查过后，李老师会总结今天的路线，预估明天会看到的东西，让我对路线的理解更加深刻。

如果说第一次参加项目对我有什么重要意义，我可以自豪地说，李老师的言传身教培养了我良好的职业习惯。

第一次写文章

在"江汉－洞庭平原地下水资源及其环境问题调查评价"项目进入室内整理阶段时，一部分样品的测试工作已经完成，于是李老师要求我先写一篇文章,这是我的第一篇学术论文。

因为担心我没写过论文,李老师特别推荐了(并且是下载好后发给我的)几篇论文让我看,并给论文定了框架,甚至每个框架写什么都说得一清二楚。一个月后,我把文章的初稿交给了李老师。第二天晚上,李老师召集大家开组会,说要讲讲我的论文,我怎么想都觉得自己写得挺不错,于是美滋滋地去开会了。李老师开始讲我的文章,越讲越生气。我的心都提到了嗓子眼,终于讲到一张剖面图的分层时,李老师非常生气地拍了桌子,对我说:"让你把这个剖面分个层,你把分层的界线直直地从砾石中穿了过去,你见过哪个地层是这么分的?给你发的文章里的图是这么画的吗?你的文献读到哪去了?你的野外都白出了吗?"当时的我羞愧万分,恨不得找个地缝钻进去。事后,李老师把我叫到办公室,说:"你做事情很踏实,但是要动脑筋呐!给你发的几篇文章,都是非常经典的,是可以直接当教材用的。你要从根儿上弄明白别人为什么要那么做,这样你才知道自己为什么要这么做,应该怎么做,自己要怎么做才能做得更好!"

这篇文章后来又被李老师修改过几次,每次他给我讲文章时我都很紧张。这种紧张的结果是相同的错误我再没有犯过,文章最终也顺利发表。

"扶上马"再送一程

2016 年 6 月,完成博士论文答辩后,我将到福建工作。离校前几天,我去向李老师辞行。李老师最担心的是我参加工作后会把科研的事情扔掉,所以叮嘱再三的事情是一定要坚持看文献,如果实在没时间看英文文献,中文文献也要读。

2016 年 10 月,在得知我进入了三明城市地质调查项目组时,作为国内多个城市地质调查项目顾问的李老师和师母张老师 11 月初就从学校赶到项目组指导我们的工作。在对全区进行了初步勘查后，李老师和张老师为项目组 30 余人进行了培训，从资料收集、野外调查、工作重点、资料的整理与研究等方面提出三明城市地质在工作中需要注意的问题。参会的技术人员纷纷表示，两位教授的及时指导完善了我们的工作方

● 2016 年 6 月作者博士毕业，在地大西区操场与李老师合影

法，指明了工作重点及方向，对整个项目意义重大。

送李老师和张老师去火车站，在候车室里李老师对我说："有两件事你要记着，第一，你第四纪地质方面的业务我不担心，但是你们这个项目与水文地质和工程地质结合非常紧密，你这两方面要加强。尤其是工程地质，要向你们单位的老同志多请教，不要觉得自己是博士就怎么样，人家常年干工程地质的，比你厉害多了！第二，不要因为工作而忽视

● 李老师指导城市地质调查项目野外工作

了科研,记着看文章。"那一刻,我突然明白了什么叫语重心长。

2017年3月,福建省煤田地质局批准了我的一个关于岩溶塌陷的科研项目。告知李老师后,他很高兴,没多久就给我发了一份关于岩溶塌陷科研课题的建议,里面包括了调查的内容、调查的重点、需要特别考虑的问题等五条建议。看完这份建议后,我心里暗暗想,如果这个课题做不好,那真对不起李老师的培养!

2016年毕业后离开学校,我与李老师仍然联系紧密。很多事情请教过李老师,就像吃了定心丸一样踏实。十年地大求学中,李老师严谨的态度、渊博的知识和精益求精的作风深深感染着我,让我在今后的为人处世和做学问中勇于担当,努力前进!

作者简介

赵举兴,男,河北沽源人。中国地质大学(武汉)第四纪地质学博士,福建省煤田地质勘查院高级工程师。2016年8月作为福建省引进人才入职福建省煤田地质勘查院,主要从事水工环地质和第四纪地质的生产与科研工作。在入职六年多的时间内,为单位增强技术力量、提升综合实力做出了较大的贡献。先后获福建省直"青年岗位能手""最美青工""优秀共产党员"及湖北省第六届"长江学子"等荣誉称号。

3

为师蔼然可亲，育才春风化雨
——梁杏老师与学生的故事

导师简介

梁杏，女，广东罗定人，教授，博士生导师。主讲专业基础课程"水文地质学基础"，参与该课程的教材编写、实验仪器研发、课程体系与教学方法研究等，负责完成该课程的省级精品课程和 MOOC 课程建设。围绕地下水科学基础理论与应用，开展与地下水资源、地下水系统理论、工程水文地质等方向相关的基础应用研究。主持科技部"973"计划课题、国家自然科学基金、国家地质调查等科研项目 30 余项。发表论文百余篇，其中，SCI、EI 论文 30 余篇。获省部级科学技术进步奖二等奖（4 项）、三等奖（2 项），湖北省高等学校教学成果奖一等奖 1 项。参编出版教材和专著共 9 部，包括"十一五""十二五"国家规划教材《水文地质学基础》等。

依稀记得自己本科时的样子,作为初学者,对水文地质专业知识知之甚少。"水文地质学基础"这门课程承载着我和大学同窗们的共同回忆,是引领我们探索专业知识的指明灯。梁老师多样的水流系统刻画不仅让我理解了地下水的赋存与循环模式,也使我感受到水文地质教育工作者严谨的治学态度。能够在梁老师门下得到学术指导,我倍感荣幸。

梁老师传承着王大纯、张人权等老一辈地质学家踏实、务实的实干精神,主张理论与行动协同作业。她要求对待科学问题必须将野外现场调研与室内实验分析综合研究,并交叉运用多学科新兴技术共同探讨验证。围绕新时代国家战略需要,创新性、实用性的研究一直是梁老师强调的重要方向。她对水流系统研究颇有见地,细心与耐心的指导更让我们倍感亲切。每一封邮件她都会认真地回复,每一个疑虑她都会详细耐心地解答。在她营造的

●梁老师讲解河流相沉积演化过程

良好学术氛围的熏陶下,我们在学术研究时变得胆子大、思维开阔,编写方案力求细致、逻辑力求缜密。依稀记得与梁老师在南望山下相遇的场景,她和蔼可亲、平易近人,讲解着江汉平原地层原生劣质水成因的研究进展。时光匆匆,转眼三年逝去,犹记得当初怀揣着对知识渴望的兴奋与愉悦。

注重实践，强化基础

"水文地质学基础"是一门实践与理论相结合的课程，初学时同学们的专业基础和实践经验都比较欠缺。梁老师注重提升我们的基础理论水平，办公室满满当当的书柜是我们汲取知识的宝库。她鼓励我们在野外调研积累经验，多看、多听、多想、多做，带着科学问题去探索实践。在科学研究的路途中，她时刻提醒我们要脚踏实地，不要害怕犯错误，吸取经验教训才能成长进步。在野外的学习与实践，我们认识了形形色色的人，经历了各种各样有趣的事情，也经受了许多的考验；我们了解了很多人的人生，明白了许多做人的道理，学到了很多校园里学不到的知识，获益颇丰。梁老师经常去野外现场指导我们学习，并时常对我们说："年轻人就需要多经历些。"即使在寒冬酷暑，她一如既往，有时满身泥泞，有时汗如雨下。其实，我们很心疼她，她却更心疼我们。

梁老师注重对我们逻辑思维的引导。记得刚入学参加中国地质调查局钻探项目的时候，我们仅仅会区分岩芯样品的岩性，从来没考虑过物源和沉积演化机理。看到此种情况，梁老师现场给我们做深入细致的讲解。跟随着梁老师的脚步，我们才逐步入门，脑海中仿佛放映着地层沉积演化的动画，河道的改道、湖泊中悬浮物的沉积、河床上滚动的砾石……她用渊博的水文地质专业知识讲解着各种地质构造及各种地形地貌形成的原因，教会我们如何观察野外现象、记野簿、画素描图。在炎炎烈日下，梁老师和我们一起步行探索洞庭湖区沉积物物源。她不仅在我们心中种下了一颗求知的种子，更种下了地大人的精神。"艰苦朴素，求真务实"，是地大的校训，也是地质学家共同的精神。

○ 梁老师等教授指导学生整理、分析野外资料及编图

为师蔼然可亲，育才春风化雨

21

细致严谨，精益求精

梁老师的图上作业精细到极致，她会在图件中一一标识需要修改的内容，尽可能精准地刻画出实际场地的水流条件。她提醒我们："尽管计算机制图作业提高了绘图效率，但是机械的克里金自动插值描线确实会干扰我们的判断。"她会一一斟酌学术论文中的框架结构、每个用词和每个标点符号，要我们把控好文章布局并引导我们思考完善，分析细节。我们论文的修改回稿里总是有满满的批注建议。梁老师总跟我们讲，对于意见和建议，不能单单按照意思更正就结束了，更应该琢磨评审者为何提出这些问题，在今后类似写作过程中如何避免问题再次出现。

每个学期初，梁老师都会让我们将学期计划细化到每个月，甚至每个礼拜。每次组会，她会根据每个学生的研究情况，采取因材施教的教学方法，及时分析问题的特点,给予积极的鼓励和殷切的指导。梁老师习惯从更高的角度思考学术问题,在调动我们研究兴趣的同时,帮助我们摆脱研究的局限性。每次给我们讲解完一个知识点,她会说"不知我讲明白没有",每次听完我们的学术汇报,她会说"你应该……"。把问题落到实处,是梁老师的做事风格,现在也是我们的做事风格。在梁老师的引领下,我们有更充足的劲头来克服困难,在南望山下的"308",未来城里的"205"幸福成长,传承精神。

🔵 梁杏教授、靳孟贵教授与 2018 届毕业生合影

亦师亦友,师恩难忘

健康的体魄是实现人生价值之根本。梁老师经常鼓励我们参加体育运动,叮嘱我们多锻炼。在学生生病期间,她更是体贴入微、关怀备至。

现在,打羽毛球成为了我们共同的爱好。每到春暖花开或丹桂飘香的季节,梁老师就会让我们组织春游或秋游,在学习之余去散散心,说说自己在学习和生活中的烦恼,排除内心对于未知的疑惑。我们喜欢去梁老师家做客,她会给大家泡壶清茶,让我们品尝她做的小点心。品着茗香,欣赏着她种的花花草草,跟她聊聊最近的生活,谈谈理想与预期,总会豁然开朗,感触良多。

梁老师乐观开朗,丰富的阅历使她总能

梁老师等专家到中国科学院洞庭湖湿地
生态系统观测研究站考察

解答我们的疑虑,跟她在一起,总会让人对未来充满信心,相信明天更加美好。每当毕业季来临,梁老师会特意装扮一番跟大家一起拍毕业合影。欢声笑语中,每一帧照片定格的都是我们永恒的记忆,我们的团队也更加亲密坚实。同学们都知道,这是梁老师对我们步入社会、奔赴祖国各地投身工作的期许。

梁老师为新时代的地质事业培养了一批批优秀的地质人才,他们秉承着梁老师严谨求实的治学精神,在各自的岗位上兢兢业业、踏实奋斗。创新和奉献是时代赋予生命的意义,也是梁老师做学问的原则。梁老师敦促我们做研究要清楚地理解国家需求,积极领会习近平新时代中国特色社会主义生态文明建设思想,做到水文地质学与环境地质学相结合研究,对原生劣质水成因及污染机理模型深度刻画,提出具有实际意义的措施建议。

这就是我的导师——梁杏老师,春风化雨,蔼然可亲。

作者简介

孙立群，男，山东章丘人，中国地质大学（武汉）环境学院水文地质学专业 2018 级博士研究生。主要研究方向为水文地质与环境地质。参与中国地质调查局地球关键带环境地质调查项目 2 项，以第一作者发表 SCI 论文 2 篇，EI 论文 3 篇。

4

半生栉风沐雨，满园繁花似锦
——杜远生老师与学生的故事

导师简介

杜远生，男，河南开封人，教授，博士生导师，国务院政府特殊津贴获得者。中国矿物岩石地球化学学会古地理专业委员会委员，曾任《地质科技情报》杂志副主编，《地质论评》和 *Journal of Palaeogeography* 杂志编委。现任《古地理学报》副主编，《地质学报》《地球科学》及 *Journal of Earth Science* 等杂志编委。长期从事沉积地质和沉积矿产研究，主要研究方向为大地构造沉积学、事件沉积学、沉积矿产、深时全球变化。先后主持国家自然科学基金项目 8 项，自然资源部、中国地质调查

局、中国石油天然气集团有限公司、中国石油化工集团有限公司等单位项目 20 余项。出版教材和专著 10 部，发表论文 280 余篇，包括 SCI 论文 50 余篇、EI 论文 20 余篇，获得奖项若干。

我的导师杜远生教授数十年来投身于沉积地质学研究，在沉积大地构造学、深时全球变化和沉积矿产等领域成绩斐然，著作等身。他栉风沐雨，皓首穷经，一以贯之地坚守科学前沿；他不忘初心，诲人不倦，培养了一大批学术科研人才。

立言立德，润物无声

我对沉积学的兴趣萌芽于北戴河地质认知实习。北戴河的大石河口、老虎石海滩让我初次领略了沉积学的壮丽与神奇。百转千回的河流、暗流涌动的潮汐、汹涌澎湃的海浪，沉积作用忠实地记录了地表物质从风化到沉积的过程。借着地球科学学院试点改革的东风，我于本科二年级选择了杜远生教授做我的指导老师。

我还记得自己与杜老师初次见面时因为紧张而嗫嚅的言语，而杜老师始终面带微笑，提纲挈领地介绍科研方向、漫谈学科动态，曾经晦涩的沉积学理论也变得似杜老师一般"平

● **杜老师在野外讲解地质现象**

易近人"。随后，杜老师耐心地听取了我的想法，建议我在课程学习和野外实践的过程中多积累，尝试自主地学习和研究，以兴趣为前提选定自己的研究方向。两个小时的交谈让我有一种"拨开云雾见天日"的感觉，也让我产生了跟随杜老师学习、成长的渴望。由此，杜老师成为我进入地球科学领域的引路人。

杜老师崇尚"有教无类，因材施教"的教育理念，针对彼时还是本科生的我，结合野外教学实习精心设计科研选题。从踏勘到取样，从绘图到分析，从成文到修改，每个步骤都伴随着杜老师的悉心指导。为了更好地答疑，杜老师收集了大量的图集和经典教材，力求帮助学生将书本中扼要的理论知识与野外现象联系到一起。本科阶段的我基础知识薄弱，没有形成完整的知识体系，经常"一步三顾"，频繁地询问杜老师一些理论问题，杜老师总是不厌其烦地解答，循循善诱，给予我帮助和鼓励。时光荏苒，如今的我已完成了博士学业，朝着神圣而崇高的科学殿堂迈出了坚实的一步。回想起这些年跟随杜老师学习的经历，我受益匪浅，成长良多。

在研一阶段，我曾迷茫困惑，甚至失去学习动力，杜老师写下的长长的一封邮件让我倍受鼓舞，信中满满的鼓励和鞭策，以及字里行间流露出的殷切期盼时至今日仍令我记忆犹新；在我选题受挫、研究工作一筹莫展的时候，杜老师敏锐地发现学科交叉的潜力，忙碌数个星期，先后多次查阅文献，广泛邀请校内外名师为我答疑解惑，使得整个课题柳暗花明。春风化雨，润物无声，团队中每一个学生的成长都凝聚了杜老师大量的心血，而他用言传身教塑造了一个情同手足、成果煊赫的科研团队。在我眼中，杜老师不仅是"传道授业解惑"的导师，更是一位温厚慈爱的长辈。

仰之弥高，钻之弥坚

北宋教育家程颐有言，"学者必求师，从师不可不谨也"。杜老师严谨求实的治学态度、诙谐生动的教学风格影响了一批又一批的地大学子。不论是复杂的科研课题还是烦琐的管理事务都没有让杜老师远离这一方讲台。在上课前，杜老师精心设计教学环节，博采百家之长，将经典的教材理论和前沿动态结合到一起；在课堂上，杜老师坚持"授人以渔"的教学方式，不拘泥于教科书上的宏篇理论,将自己丰富的野外阅历和独到见解娓娓道来,随后简明扼要地归纳知识点,并启发学生独立思考与自由讨论。不仅如此,杜老师还邀请博士生参与他的课堂教学并提出建议,自发地旁听其他年轻教师的课程,为青年教师的成长提出宝贵意见。他对教学质量的孜孜以求令学生受益良多。

🌀 杜老师在周口店指导本科生实习

"读万卷书,行万里路",诚如斯言,杜老师的足迹遍布祖国的大好河山,这也是老一辈地质人浪漫的"露头情结"。杜老师曾对学生们反复强调:"没有扎实的基础工作便没有真知灼见。" 他鼓励大家多把时间和精力放在野外。无论野外工作何等繁重和艰苦,杜老师几乎每年都在周口店、秭归等实习基地开展野外实践教学,引导本科生在最基础的环节形成良好的习惯。在完成教学任务后,杜老师不辞辛劳,辗转奔波于每一个课题小组的野外路线,只要有所发现,杜老师便停下脚步进行钻研,一一为学生讲解。在野外旁听的我们惊诧于杜老师的博闻强识，更由衷地敬佩他敏锐的观察力和严肃的工作态度。

"愿得此身长报国，何须生入玉门关"是当代知识分子赤诚家国情怀的写照。近年来，杜老师心系我国沉积型矿产的发展，主动承担了贵州省锰矿、磷矿和铝土矿等重要矿产资源的研究工作。不论是人迹罕至的地质剖面，还是危峰兀立的矿山，甚至是酷热难当的矿井，都留下了杜老师的足迹。天道酬勤，在杜老师和团队成员的努力下，上

🌑 杜老师整装待发，深入矿区一线

述沉积型矿产研究迎来了重大突破。先进的成矿模式理论为我国沉积型矿种的找矿探矿提供了重要的指导。至于找矿成果亦是硕果累累，如近年杜老师作为指导专家探明的铜仁松桃锰矿，更是有"亚洲第一锰矿"的美誉。

高山仰止，景行行止。杜老师非凡的学术造诣、严谨的治学态度、宽厚的待人方式、赤诚的家国情怀是我们毕生学习的典范。结草难报授业之恩，衔环不忘知遇之情，他对于每一位学生一如既往的支持与关心会如一盏明灯伴随我们在科学领域上下求索。

🌑 作者与杜老师合影

作者简介

　　马千里,男,山东济宁人,2012年考入中国地质大学(武汉)地球科学学院(基地班),2016年至2021年在地球科学学院地质学专业硕博连读。修业期间发表英文SCI论文1篇,中文核心论文3篇,曾获研究生国家奖学金,中国地质大学(武汉)"优秀研究生干部"等荣誉称号。

5

致力于团队教育的实践者
——龚一鸣老师与学生的故事

导师简介

龚一鸣，男，湖北武汉人，教授，博士生导师。全国模范教师，首届全国高校黄大年式教师团队负责人，享受国务院政府特殊津贴。湖北省十佳师德标兵和有突出贡献中青年专家，曾获湖北省楚天园丁奖和湖北五一劳动奖章。先后主持多项国家级科研和教学研究项目，发表中英文科研和教学论文 250 余篇，其中 SCI 论文 80 余篇，出版学术专著 8 部，主、参编教材 10 余部。曾获国家级教学成果奖

二等奖、湖北省高等学校教学成果奖一等奖、湖北省科学技术奖自然科学奖一等奖、国土资源科学技术奖一等奖等殊荣。曾任中国地质大学(武汉)教学工作指导委员会主任，校学术委员会副主任和国家一流专业——地质学专业建设负责人，以及《古地理学报》《地层学杂志》和 *Journal of palaeogeography* 等杂志的编委。

刚进入大学的我是一个标准的"学渣"，由于学习压力陡然释放，我每次听课都坐在教室的最后几排，课后除了完成老师布置的作业外，绝不会去主动预习、复习功课，所以基本上每次期末的综合评比总是班级里的最后几名。然而，在接触到地史学的课程学习后，这一切都发生了转变。

地勘楼中探奥秘

与龚老师最初的相遇，始于大二的"地史学"课堂。龚老师第一节课讲道："我的课堂采用 K+S+A 的形式，K 就是孔子型课堂(Kongzi class)，老师主动，学生能动；S 就是苏格拉底型课堂(Socrates class)，学生主动，师生互动；A 就是自主学习型课堂(Active course study)，自主行动，课内外联动。"龚老师新颖的教学方式从此便深深地吸引了我。龚老师的教学灵活而又富含热情，他非常注重学生平时的学习，期末考试成绩在整个课程中反而占据较小的比重。

我平常上课几乎不会主动去向老师提问题。龚老师为了激发同学们的学习热情，会为优秀的提问提供额外加分，这极大地激起了我的学习热情。在"地史学"的学习中，我第一次主动在中国知网等网站查阅、下载文献，也是第一次通过邮件向老师请教问题。

尽管已经过去了近 8 年，但那次龚老师在地勘楼的解疑我至今铭记。那是一个关于"有孔虫和碳同位素"的问题，起先我只是抱着试试看的态度给龚老师发了邮件，龚老师很快就回复了我，并邀请我到地勘楼进行面对面的讨论。以前我一直认为搞地质就是量剖面、测地层，经过龚老师耐心细致地讲述"有孔虫和碳同位素"的相关研究内容后，我第一次感觉到地球科学的奇妙和神秘。一个小小的生物居然也蕴含着如此多的奥秘，也颠覆了我以往的地质观，原来每一块化石、每一种小小的生物都蕴藏着很多不为人知的奥秘,记录着地球的历史。

在龚老师的带领下,我开始了在地勘楼中的探秘之旅。无论是各种精美细致的动植物化石,还是丰富多彩的沉积构造都让我着迷,甚至连枯燥无味的标准地层剖面,在赋予它们地球历史意义之后也变得精彩起来,而这一切都激起了我对地层学和古生物学学习、研究的兴趣。

● 龚老师带领青年教师和研究生在野外备课

化石林旁定初心

在大三的下学期,我顺利地获得了保研的资格之后,便联系了龚老师,希望能成为他的研究生,龚老师当时并没有立刻答应我,而是约我到化石林交谈。

我抱着试一试的心态,按约定的时间来到化石林。龚老师刚见面便说道:"恭喜你,得到了保研的资格,欢迎你继续留下来深造。"我暗自欢喜,他这是接受我了。但是接下来,龚老师询问我未来短期、长期的目标及后续的研究规划时,我语塞了,什么也答不上来。

我从来没有想过这种问题，只是觉得有了保研的名额，找个有名气的老师就好了。之后，龚老师语重心长地告诉我做人生规划的重要性，让我思考自己决定读研是出于混个研究生文凭的心理，还是真心实意地想从事科学研究，同时也向我说明做研究并非是简单、快乐的事情，而是充满了艰辛与枯燥，需要有耐得住长期寂寞的决心和毅力。

谈话结束之后，我反复思考了两天，最终坚定了做研究、求学的决心，写了一个具体的近期和长期的规划发给了龚老师，同时也把保研申请改为了直博申请。后来，我顺利地加入了龚老师的DIG(Devonian and Ichnofossill Group)研究团队，开始了我的攻博之路。

⚫ 龚老师在鄂尔多斯观察野外地质现象

南望山下述难忘

回想起6年的博士生涯，龚老师对我的生活和学习悉心关照，耐心教导，鞭策激励，使我不断前行、进步！西准噶尔的戈壁、广西的山丘记录着龚老师和学生一起踏勘的情形,秦皇岛的海风、贺兰山的群山还回响着龚老师讲解地质现象的声音。

第一次和龚老师去西准噶尔出野外的经历尤其让我记忆犹新。龚老师和我一起翻山越岭,他丰富、扎实的野外知识使我大开眼界,认真严谨的工作态度让我明白获取野外的第一手资料是多么的重要。在采集和处理样品时,龚老师每次都会反复提醒要小心、细致,如果做不好这一点,接下来的工作都是徒费力气。

在我第一次撰写专题论文时,龚老师前前后后修改了近 10 次,他是那么耐心仔细,每一个标点符号、每一个图例的错误都逃不过龚老师的法眼。印象特别深的是我的一张图的比例尺用的五角钱硬币,我在图下的注释中写着硬币的直径是 1cm(实际应为 20.5mm),龚老师马上发现了我的错误,他语重心长地教导我说:"做科学、做研究的每一个步骤和每一个细节都要认真仔细,来不得一点懒怠和马虎,五角钱硬币的直径你一定是没经过自己测量,凭感觉写的,这就反映了你做研究、做事不够严谨!"

龚老师严格要求学生,对自己则要求更加严格。龚老师上课通常总是很早到达教室,仅有的一次迟到发生在我作为助教的时候。那天龚老师反常地迟到了几分钟,只见他来的时候气喘吁吁,一边走进教室一边向同学们道歉:"不好意思耽误大家的时间了,我家的电梯今天突然坏了,我就赶紧扛着自行车走下楼赶过来,没想到还是迟到了。"龚老师家在喻家山庄的高层,实在难以想象一位年近花甲的老人是如何在这么短的时间内赶到教室的。

经师易遇,人师难遭。龚老师不仅是我科研方面的引路人,更是我的人生导师。无论是在科学研究和学习上,还是在生活上,龚老师都以身作则,他常常会分享他的生活经历,让我明白做人、做事的道理。龚老师常说:"我们每个人都是在不断训练、学习,不断完善自己。每件事第一次做难免会犯错,犯错不要紧，要从中吸取教训不再犯类似的错误，这才是教育和学习的最终目的。"

龚老师并非总是严肃、认真的样子，生活中也时常会出现可爱的一面。有时候龚老师会向我们询问一些网络用语的意思，比如"666""给力"等。龚老师说："我年纪虽然大了，但也要活到老学到老，不能落后，也要赶时髦啊！"有时候去龚老师家拜访，龚老师就会向我们展示他的健身成果，比如做十几个引体向上。龚老师常说："身体是革命的本钱，你们平时除了科研学习之外，一定要多多加强体育锻炼，强健的身体是革命的本钱，也是可持续拼搏的源泉。"

◎ 龚老师的 DIG 部分成员
在宁夏沙漠上欢庆当日野外收获

时光如梭，转瞬之间已到了告别的季节。分别不是终点，而是人生的另一段新起点。龚老师细致严谨的科学精神、和善宽厚的处事风格、朴素认真的生活态度深深地影响了我。在未来的工作和生活中，龚老师永远是我人生的标杆，值得我一生去追赶、学习！

◎ 作者博士毕业答辩时和龚老师的合影

作者简介

　　马坤元，男，中国地质大学(武汉)地球科学学院古生物学与地层学 2015 级直博生。主要研究方向是旋回地层和天文年代学，以及古气候和古环境变化的天文驱动因素。2016 年获得硕士研究生国家奖学金，2018 年 11 月—2020 年 6 月受国家留学基金委资助，赴美国 George Mason 大学进行联合培养。攻读博士学位期间参与导师龚一鸣教授所承担的多个科研项目，参加国内、国际学术会议 4 次，共发表 SCI 论文和 EI 论文 5 篇，其中第一作者 3 篇。

6

昌言化雨润桃李,前路求学遇良师
——马昌前老师与学生的故事

导师简介

马昌前，男，贵州习水人，教授，博士生导师，教育部"长江学者和创新团队发展计划"资助项目组成员，国家自然科学基金委员会"创新研究群体科学基金"资助项目组成员，"矿物岩石学"国家级教学团队带头人。先后发表论文、出版专著共 140 余篇(部)。*Lithos* 和 *Journal of Asian Earth Sciences* 等国际刊物的审稿人。1995 年被评为湖北省有突出贡献中青年专家，1997 年入选湖北省

中青年学科带头人，2000 年入选享受国务院政府特殊津贴人员，2014 年被评为湖北名师。

初踏"马门",扎根地大

2016 年 9 月的一个夜晚,我忐忑地将自荐信发给了马老师,不料第二天一早,马老师在百忙之中打来电话,表达了愿意接收我的意愿,并对于录取流程和如何尽快融入研究生生活作出了耐心地解答。被老师的热情和诚意感动的我心中只有一个念头,选马老师没错。

同年 10 月,我从成都来到武汉,参加在地大举办的第四届全国大学生地质技能竞赛,这是我与马老师的首次见面。推开办公室的门,马老师立马放下手头工作站起来,热情地迎接了我,并亲自为我倒了一杯茶,说:"远道而来辛苦了,快喝水,我们好好聊聊。"我还没拿出笔记本,马老师又问道:"在武汉吃得还习惯吗? 住宿条件怎么样? 有没有转一转地大的校园? "本来一肚子问题的我反而先被马老师问了个遍。在短短的交谈里,马老师从如何做人谈到如何做学问。他说:"我对学生有三个要求,首先就是要学会做人做事,这是一个人成功的前提。做人有品,做事有格,不能只是嘴上做事、嘴上做人,一定要身体力行。其次就是要有国际视野,做科研眼光要长远,思路要开阔,要学会全球对比,提出具有全球意义的科学问题,这样才可能出好成果。做人做事也是如此,不要把自己束缚在身边人和事上,不要觉得自己在地大很优秀,在国内很优秀就满足了,山外有山,始终警示自己优秀的人还有很多。最后就是要学会自主学习,学会终身学习。作为 21 世纪的优秀人才,自主学习和终身学习是必备技能,做科研需要坚持不懈的精神和持之以恒的态度,你看我现在还坚持每天读文献。"谈话虽短但意味深长。他始终面带微笑,循循善诱,但又不高高在上,在研究生生活开始之前为我补充"干货",武装头脑,为之后的学习生活做好铺垫。

昆仑山上，师生情深

时间转眼到了 2017 年 7 月，师门一行人随马老师一同前往东昆仑进行野外填图。到高原出野外存在一定的危险性，更何况是浩浩荡荡的团队，肩上担着科学研究和学生安全双重重担的马老师，说得最多的一句话就是："今天出野外要注意安全！"到达目的地，马老师马上组织我们召开安全会议，介绍了在高原野外工作需要注意的种种事项，就怕我们一时疏忽。在山里，马老师永远走在最前面，每当看到重要的地质现象，他都会停下脚步让我们围起来，悉心为我们讲解其中的奥秘，并且会针对我们每个人的研究提出意见，指导我们如何开展研究工作。在山上，

🌀 **庞大的"马家军"在东昆仑**

马老师的脚力绝不输给我们，我们总能看见他时而站在悬崖边、时而趴在石头上，看见他弯着腰拍照，甚至看见他在山腰的乱石上行走，完全不像一位花甲老人。他经常说："我最喜欢出野外了，这么多漂亮的现象，找一个好好钻研就能写出一篇漂亮的文章。"出野外途中休息时，大家就围坐在一起吃干粮，马老师也会凑在一起，和我们边吃边聊，时不时还会讲几句我们年轻人的流行语，幽默风趣，平易近人。

平易近人,严谨勤奋

时间一点一点过去,与马老师相处后,我被他无微不至的关怀所感动。同学们申请助研费用的时候他会问:"每个月的生活费够不够? 能不能满足基本的生活需求?"同时他又会说:"大家要积极为团队做出贡献,多拿点助研费用,我还是怕你们补助不够花。"马老师在看到全国各大高校优秀学生简历的时候,会急得坐不住,在师门社交软件群里发言:"为什么优秀的学生都在其他学校? 我们这么多人,放开给大家经费资助,可是收效甚微,问题在哪里? 希望大家要反思,我也要反思。是指导不力,还是要求不严? 请每个人行动起来,不然,我们都懒惰了,害的是我们自己。请每个在读的同学看完留言,'冒个泡',然后制订整改措施,尽快召开组会报告。"在组会上,马老师细心地对每个同学的汇报提出问题,并关切地咨询没有进行汇报的同学最近的工作和生活情况。对我们的演讲能力,马老师也会提出意见,他说:"演讲能力是一个人思维、语言表达能力和心理素质的综合反映, 拥有良好的演讲能力是一个人才必备的素质。"

马老师是一个时间观念很强的人,他曾经告诉我,他早上七点半就到办公室开始学习和工作,中午吃个饭休息一下,再一直工作到晚上。我经常凌晨一点收到马老师发来的文献,早上六点半

▶ 马昌前教授"调皮"的摆拍

又收到马老师发来的邮件。有一次我和马老师约好了下午三点见面，但我迟到了十五分钟，马老师严肃地批评了我："说好的三点就是三点，我已经在办公室坐了好一会儿了。"对待学生，马老师宛如一位严厉又慈祥的父亲。

授人以渔，孜孜不倦

粉笔生涯，讲台春秋，凝聚着多少教师执着的追求、深沉的爱。到了课堂上，就仿佛到了马老师的舞台，他会毫无保留地把自己头脑中的所有知识传授给大家，举一反三，有时候三页 PPT 可以讲三小时，并且会针对每位学生的研究方向分别提出意见和建议，告诉大家应该如何发现科学问题，如何进行科学研究。他常说："我的课程不是以教给大家基本知识为主要目的，我主要是想教给大家一种科学思维和科学方法，告诉大家怎样发现自己领域的前沿研究热点和问题，并且引领大家着手自己的科学研究。授人以鱼不如授

🌑 **马昌前教授在辛勤授课**

人以渔。"马老师关于知识点的讲解通俗易懂，精辟又不乏味，会让每个学生不由自主地全神贯注。马老师上课很卖力，有时都没发现粉笔灰已经飘满了全身，还打趣地说："今天板书写得有点多了。"马老师的精彩讲授让我们对自己的科学研究有了新的认识，并且掌握了很多不熟悉的研究方法，为我们今后的研究生涯奠定了良好的基础。

我们常说春天是美好的，是富有生机的；太阳是伟大的，是无私的；大海是广博的，是壮丽的。可谁能告诉我，世界上集这三者于一身的是谁呢？我可以自豪地说："是我们的马老师！"我们从幼苗长成大树，却永远是您的学生。愿春天与您同在，愿您生命之树常青！

作者简介

邹博文，男，河南洛阳人，中国地质大学（武汉）地球科学学院矿物学、岩石学、矿床学 2019 级博士生。主要研究方向是大陆地壳演化、岩浆演化及岩浆动力学等。

7

巍峨浩荡出俊杰
——魏俊浩老师与学生的故事

导师简介

魏俊浩，男，山东潍坊人，教授，博士生导师。现任中国地质大学(武汉)资源学院教授，长期从事中大比例尺成矿预测与找矿研究，获省部级奖 4 项，发表学术论文 170 余篇，其中 SCI 和 EI 论文 70 余篇。提出了成矿场理论，并致力于成矿场理论在勘查实践中的应用研究。主编的《矿产勘查理论与方法》获全国优秀教材二等奖。作为项目负责人主持国家级、省部级及企业项目 80 余项。先后在辽宁五龙金矿、陕西潼关东桐峪金矿、山东烟台郭城金矿、川西夏赛铅锌矿、青海多彩和沟里整装勘查区等地取得显著找矿成果，新发现金储量 70 余吨、铜铅锌资源量 120 万余吨、银 100 余吨。

跟魏老师学习的时光是幸福且充实的。我们项目组走过无人区，上过最高峰，在缺少水电供应的偏远地区进行过 3 个月的地质工作。这些艰苦经历磨练了我们的意志，增进了我们的友谊，让我们探寻到了地质研究最初的模样。

朝出行践云海间，初见寒山白满川

与魏老师相遇并跟随他学习，每一步都在困难里穿梭，可也正是因为走过最难的路，我才不会害怕下一次前进。

我跟随魏老师学习起于 2019 年，那时正值大三结束，即将进入毕业实习阶段，学院要求我们专业必须野外学习达到两个月以上。我在接连询问其他老师能否安排我实习并得到否定答复后，最终魏老师答应并安排了我到西藏完成实习。这一去，就是三个月。

在收到学院保研面试通知时，距离面试只有 4 天时间，当时我正在出野外，即使立刻下山坐飞机回武汉也是来不及的。我着急地给魏老师打电话并说明了自己的情况，魏老师得知后只告诉我："好好准备，我去联系。"短短的一句话很快平复了我的不安，这句话带给我的踏实是无法衡量的。几个小时后魏老师给我带来了可以电话面试的好消息，心里的那份喜悦和感激在那一刻最大化。

但是面试前一天的降雪让仅能够通话的 2G 信号也消失了，最后我不得已在凌晨开车到这片山区的最高位置。在手机信号接收困难的情况下，面试的李艳军老师打通团队师兄的电话，并借助师兄的手机对我进行了保研面试。我还记得面试时的问题"你要继续在资源学院就读吗"，我的回答是"是的，我要师从资源学院魏俊浩教授"。

后来和魏老师聊天，多次回忆起 3 个月缺水少电的日子和雪山面试的经历，大家都说，以后再也没有吃不得的苦了。

● 2012 年青海多彩铜矿床野外合影　　● 2013 年魏俊浩老师在锡铁山出野外

等时善读须勉励，三番增改得书篇

完成西藏的野外工作之后，我很快加入项目组的后期实验处理和资料汇总阶段的工作。办公室没有多余的位置，我便把电脑放在魏老师座位旁边放资料的桌子上。一年的时间从写项目报告到写毕业论文我都栖身于此，以至于石文杰老师那时一直把我当成了研究生。可能也是那个时候，我这个普通的学生引起了魏老师的注意。

在学习和科研工作中，魏老师给予了我很多鼓励和指引。准备本科毕业论文期间，魏老师建议我先把论文的主体部分写成小文章并尝试发表。我当时认为自己的能力不够，但在魏老师的鼓励和指导下，最终顺利投稿到 EI 期刊并收到了录用通知。在这个过程中，魏老师为了充分调动我的积极性和能动性，他只对关键图件和问题提出意见，其他的小细节要求我主动阅读文献和查找资料进行修改。这种方式使我在主动探索中深刻理解并掌握了理论知识和研究思路，同时也极大地扩充了我的知识储备，使我的本科论文增色不少，最终我也顺利把优秀论文的证书抱回了办公室。

在平时工作中，魏老师要求严格，没有其他事情都要求学生待在办公室内，除了项目资料汇总之外，还要求我们多弥补专业基础知识和英语的不足,针对不足要有重点地突破。同时,魏老师还要求我们注重提高项目设计书和项目报告的撰写能力,他把以往比较好的报告都拿来供我们参考,平时也会打印一些好的论文和书籍带给我们。能够独立完成一项报告或设计成为项目组内每一个成员必须锻炼的能力。

在生活中,魏老师关注细节,哪怕我们小小的浮躁也会被他看在眼里。新型冠状病毒肺炎疫情后我的心态发生了较大的变化,魏老师便会有意地与我单独聊天,帮助我打开心结。记得有一次魏老师在询问我最近的学习情况和工作进展之后,问我为什么要染发。我当时说需要掩盖白头发,周围的师兄也帮忙解释,他沉默了一下就让我回去了。下午的时候魏老师把我叫到办公室,他手里拿着一台豆浆机、一包黑豆和一包黑芝麻,对我边演示边说:"你不是有白头发嘛,黑豆浆对缓解白发增多特别管用,你要拿回去勤喝,会有好的黑发效果的。"

途路登高盈千里,横覆不尽亘重绵

在几年的野外调查中,我跟随项目组走遍了冈底斯、东昆仑和小秦岭等地区,跨过高山,遇见草原,点燃过黑夜里的篝火,也穿梭过矿山巷道。2021年,我第一次独立作为野外项目负责人,同时也是我第一次接触矿山项目,从室内整理规划到野外样品区分,从具体理论学习到日常生活,魏老师都言传身教且关怀备至。

魏老师对项目工作严肃认真,他强调矿山项目不同于地表矿产调查,在时间紧任务重的情况下,要求室内工作大于野外工作,尤其是对图件的整理和理解。只有对图件和矿体规律有一定理解和判断,才能有效选择合适的部位进行有目的的调查,事半功倍,达到矿山调查有效且省力的理想状况。同时他强调找矿思路尤为重要,在整理和总结矿体规律后,要求快速建立正确

🌑 2021 年
魏俊浩老师在山东烟台郭城金矿指导

🌑 2020 年
魏俊浩老师在野外指导检查

的找矿思路。就矿找矿的同时更要追求区域性突破，根据合适的构造特征和地表矿化表现分析矿化富集规律。在工作中，魏老师会带着我去和单位的技术人员进行讨论，并让我发表意见。这样的理论讲解和锻炼，让我对工作能够快速上手并掌握相关技巧，同时魏老师的鼓励也给了我莫大的信心。

在野外生活中魏老师是可爱的。饭后的时光，魏老师会带着我们一起散步、一起聊天、一起逛小商店，在路边偶遇别人打羽毛球时还会手痒打两局。在 2020 年东京奥运会期间，魏老师和我们一起讨论乒乓球比赛。由于多个项目同时进行，魏老师常往返于山东、河南和青海三地之间，还会带青海的酸奶犒劳大家。

先有前人识朝暮，遂演沧海成桑田

多年的地质工作，魏老师走遍了祖国的大江南北，带出来一批又一批的学生。大家都感受着魏老师的温暖，牢记魏老师的教导，践行"艰苦朴素，求真务实"的校训，参加工作后，在各自的岗位上发挥着自己的光和热。

作者简介

　　高强,男,河北邢台人,中国地质大学(武汉)资源学院地质资源与地质工程专业 2019 级硕士研究生,中共党员,主要研究方向为矿产普查与勘探(固体矿产)。

巍峨浩荡出俊杰

53

8

师生缘只有起点，没有终点
——焦养泉老师与学生的故事

导师简介

焦养泉，男，陕西韩城人，博士，教授，博士生导师，全国模范教师。1986年毕业于武汉地质学院矿产系，留校任教。资源学院盆地矿产系专业建设负责人，盆地铀资源研究团队首席科学家。全国首批高等学校特色专业建设点负责人，全国首批国家级一流本科课程和湖北省优秀基层教学组织负责人。长期致力于沉积盆地与能源矿产的教学与研究工作，近20年来主要从事盆地铀资源

研究和含煤岩系矿产资源研究。曾荣获省部级科学技术进步奖一等奖4项、二等奖5项，全国十大地质找矿成果奖1项，省部级教学成果一等奖1项、二等奖2项；发表学术论文100余篇，出版专著和教材7部。培养了一批砂岩型铀矿及相关领域的高层次紧缺专业人才。

教学——经师易遇，人师难遭

他叩问地球，潜心研究，致力于寻找战略能源矿产和培养紧缺人才，助力强国梦。

他率先组建了盆地铀资源研究团队，足迹遍及中华大地，创建了"铀储层沉积学"理论技术体系，支撑了我国北方六大产铀盆地的系列找矿突破，被誉为"产学研"合作的典范。

他瞄准国家能源战略需求，深耕三尺讲台三十余年，培养了一批核工业及地质领域的翘楚，诠释了新时代模范教师的责任和担当。

——摘自《光明日报》2021年5月23日第7版《知识分子党员风采》栏目

报道中的"他"就是焦养泉老师，我第一次见到焦老师是在大学第一课"资源导论"课堂上。他对矿产资源的介绍使我对煤及煤层气工程专业产生了浓厚的兴趣。后来，我才慢慢知道，我们专业曾经停办了10年之久。直至21世纪初，焦老师临危受命，负责筹建煤及煤层气工程专业，才有了我现在所学的专业。而我和同学们学习过程中所用到的教材、标本、实验仪器等，也都是焦老师带领系里的其他老师们埋头苦干，如燕子啄泥般一点一滴充实起来的。

在大二下学期，学院全面实行导师制，我十分幸运地成为了焦老师的学生，这便是我与焦老师缘分的起点。随后，通过学习越来越多焦老师主讲的专业课程，我越发地体会到了焦老师对于教学质量的严格要求和不断追求。焦老师的课循循善诱、妙趣横生，深受本科生和研究生的欢迎。他把"发现问题、解决问题、准确凝练和表达研究成果"作为既定培养目标，传授给学生的不仅是单纯的专业知识，更是一种科学方法论。同时，焦老师始终认为，教材是学生获取知识的重要工具，没有教材，本科教学就是无源之水、无本之木。

于是他结合多年对沉积学的理解和实践,呕心沥血,编撰出版了《聚煤盆地沉积学》和《含煤岩系矿产资源》姊妹篇教材,让学生无论是在课堂上还是课后,都有了重要的学习载体。为了解决本科生野外实践教学的诸多不便,焦老师依托鄂尔多斯盆地产学研基地于 2015 年率先筹划新建了"岩芯室内教学实验室",将野外实践教学搬入室内,切实提高了教学效率。而我恰好是第一批享受这一成果的学生之一,岩芯室内教学实验室大大提高了我对沉积学的理解和我的实践动手能力。

经过焦老师十多年的辛勤耕耘,"聚煤盆地沉积学"被教育部认定为首批国家级一流本科课程,"聚煤盆地沉积学课程群"也被授予湖北省普通本科高校优秀基层教学组织。他指导的学生论文多次被评为省级或校级优秀博士、硕士、学士学位论文。他也被评为学校"最受同学欢迎的老师"和"研究生的良师益友"。

除了传统的授课,焦老师还热衷于大众科普。2017 年,在"聚煤盆地沉积学"课堂上,我和同学们一起观看了由焦老师担任专家解说和顾问的大型恐龙纪录片《大漠疑案——巴彦淖尔白垩纪恐龙王国》。这让我对沉积学的应用有了更加形象生动的理解。课后,我意犹未尽,上网搜索相关内容,发现焦老师还在 2010 年 3 月 10 日至 13 日中央电视台《探索发现》栏目播出的 4 集大型纪录片《发现白垩纪——二连恐龙发掘报告》中担任顾问。2019 年 5 月,幸得焦老师青睐,我与师兄师姐们陪同焦老师参与了以"鄂尔多斯盆地铀矿发现历程"为主题的科普节目《铀矿发现记(上)》和《铀矿发现记(下)》的录制过程,切身体验了制作科普节目的不易,也体会到了焦老师对于科普事业的热心奉献。科技创新与科学普及是实现创新发展的两翼,没有全民科学素质的普遍提高,就难以建立起强大的高素质创新大军。焦老师积极投入地学科普事业,正是一名地质教育工作者尽心尽责、服务社会的体现。

🔘 焦老师在《铀矿发现记（上）》节目中讲解铀成矿机理

团队——学贵得师，亦贵得友

铀矿是国家紧缺战略矿产资源，也是宝贵的非化石能源矿产资源，对一个国家的发展至关重要。焦老师顺应国家铀矿勘查的重大战略转移，率先组建了盆地铀资源研究团队，他聚焦中国北方大型产铀盆地，先后在吐哈、鄂尔多斯、二连、松辽、巴音戈壁和伊犁等盆地系统开展了铀储层沉积学研究。这使得我们能够跟随焦老师的脚步深入探索铀成矿的奥秘。

在所有的铀矿研究之中，鄂尔多斯盆地是焦老师团队自 2001 年起投入最多、研究最深、找矿成果最为显著的"圣地"之一。在那儿，团队建立了长期稳定的产学研基地，在服务产业部门进行铀矿勘查预测和系列重大找矿突破行动中，还培养了一批高层次紧缺专业人才，被业界誉为产学研合作的典范。

从未有任何一个基地能像鄂尔多斯产学研基地那样。在那里，我们度酷暑、战严寒，通过亲自参与"煤铀兼探""大营铀矿会战""铀矿整装勘查""深地资源勘查开采"等科研项目的实战训练,静思和领会焦老师服务国民经济主战场的地质思维方式,并从中建立了深厚的师生情谊。鄂尔多斯,成为焦老师团队每年必至的学术实践天堂。

在团队内部,焦老师通常会不定期地组织一些学术交流,除了老师们介绍一些学术前沿外,更要求学生逐个介绍创新认识和心得体会。在野外,焦老师经常组织盆地铀资源研究团队和产业一线的工程师们进行学术交流,传递系统的理论知识和先进的找矿理念。

◉ 焦老师在野外教学实习中示范讲解

焦老师团队除了在科研上团结协作、创新进取,在生活上也是亲如一家,充满温馨。每逢过节,焦老师总会给团队送上温暖的祝福和关怀;每当有成员过生日,团队都会一同庆祝;每当有成员将要毕业离校,大家也会共聚一堂,把酒言欢,依依惜别。在每一个平凡的日子,大家都会互相默默陪伴,互诉衷肠。在盆地铀资源研究团队,不仅有亲如家中长辈的老师们,还能交到情同手足的师兄弟姐妹。在焦老师的悉心培养下,团队有近 70 名研究生脱颖而出,一大批毕业生成为核工业地质系统及其相关领域的佼佼者。据不完全统计,在焦老师培养的毕业生中,有 3 人被聘为二级教授 / 研究员,10 余人担任相关单位院 / 队的总工程师或总地质师,更多人担任了项目负责人和技术负责人。

◑ 盆地铀资源研究团队部分成员合照

野外——脚踏实地,求真务实

焦老师热爱地质教育事业,更喜欢跑野外。他常常对我们说:"从事地质研究,一定要到野外去。""为什么去野外?因为矿就在那里。"为了全方位培养学生的科学素养和能力,焦老师常年带领由本科生、硕士生、博士生、博士后组成的科研团队,深入崇山峻岭、戈壁大漠。一年中有一半左右的时间,焦老师不是在野外,就是在去野外的路上。30 多年来,焦老师的足迹遍及祖国的大江南北。

2019 年暑假,焦老师带领我和两位师兄,从鄂尔多斯盆地西部自驾穿越到了盆地东部,建立起了白垩系风成沉积体系的整体格架,并试图探寻风成沉积体系的铀成矿规律。一路上，为了找到目标露头，焦老师带着我们翻山越岭，在陌生的山路间苦苦寻觅。虽然野外不断探索的过程单调乏味，一次次远望着剖面却找不到正确道路而调头折返令人失落，但是一旦成功地来到剖面前，望着丰富多彩的沉积学现象，焦老师的脸上总充满着欣喜，对着典型的地质现象细细端详、认真拍照，并生动形象地给我们解释它们的沉积过程。正是受到焦老师这种几十年如一日对野外工作的热爱之情的感染，我逐渐感受到了地质工作的乐趣，毅然选择了硕博连读。

　　无论是在鄂尔多斯盆地还是在塔里木盆地，都有一些难得的野外地质露头，它们不仅记录了沉积作用的细节，还记录了铀成矿的秘密。在深入研究之后，焦老师通常会选择一些经典的露头剖面，组织学生们和产业一线的工程师们，一起进行野外地质现场教学，以便统一思想、深入研究。焦老师在

● 焦老师在野外给学生和产业一线工程师讲解地质现象

野外露头中识别出的典型沉积标志及总结出的成矿规律，不仅加深了人们对铀成矿机理的认识，还促使了越来越多富饶的铀矿床慢慢被找到。

科研——突破创新，精益求精

20多年来，焦老师带领盆地铀资源研究团队广泛地参与了国内砂岩型铀矿的勘查活动，并且承担了大量的科研攻关项目。特别是在参与"鄂尔多斯盆地大营铀矿会战"期间，焦老师获得的重要科研成果为我国首个超大型砂岩铀矿的突破做出了重要贡献，该成果荣获2013年度"全国十大地质找矿成果奖"。焦老师先后受到了时任国土资源部（现自然资源部）部长徐绍史和副部长汪民的接见。

🔵 王焰新校长（左五）陪同原国土资源部
副部长汪民（左六）与盆地铀资源研究团队部分成员合影留念

工欲善其事，必先利其器。在我国，大规模开展砂岩型铀矿勘查和开发的历史仅有20余年，这一富集于沉积盆地中的新矿种需要新理论和新方法揭示其成矿机理,这给铀矿地质学家带来了挑战,但是为沉积学家带来了机遇。焦老师充分依托渊博的沉积学知识与丰富的教学经验,带领盆地铀资源研究团队努力从沉积学的角度深入探索铀成矿的机理,基于对鄂尔多斯盆地和吐哈盆地铀成矿普遍规律及关键控矿要素的认识,于 2006 年率先提出了"铀储层"的概念,找准了沉积学服务于砂岩型铀矿勘查开发的切入点。著名铀矿地质学家郑大瑜对这一创新成果给予高度评价,他认为"铀储层沉积学"和"铀储层非均质性地质建模"是解开砂岩型铀矿之谜的两把"金钥匙"。前者是砂岩型铀矿勘查与开发的基础,重在创立铀储层概念,结合若干国内产铀盆地的实例,介绍铀储层研究与评价的基本思路和方法,厘清含铀的主岩"是什么";后者是对前者的延伸和发展,以目前国内最大的产铀盆地——鄂尔多斯盆地为例,深入分析铀储层的非均质性及其对砂岩型铀矿成矿和采收率的影响,更加精细地回答砂岩型铀矿定位的"为什么"。焦老师及其研究团队创建的"铀储层空间定位预测技术"荣获湖北省科学技术进步奖一等奖,共同完成的"内蒙古中西部中生代产铀盆地理论技术创新与重大找矿突破"项目荣获 2019 年度"内蒙古自治区科学技术进步奖"一等奖。焦老师带领研究团队以创造性的铀储层沉积学理论技术体系,为我国砂岩型铀矿的系列重大突破提供了地大特有的解决方案和智慧,我为是该团队的一员而自豪。

一个个原始性理论创新和重大找矿成果的成功源于焦老师带领团队多年来的不懈坚持。焦老师坚持深入进行产学研合作,带领我们与核工业地质系统和有关部门长期保持密切合作、"上门服务"、相互支持的互助关系;坚持理论联系实际的科学态度,高度重视野外现场的深入调研,坚持亲自参与编录取样、取全取准第一手资料,打下坚实的研究工作基础;坚持针对铀矿勘查的难点和薄弱环节,选准切入点,积极探索新学科、新技术在铀矿地质的合理应用，带领我们攻坚克难、突破创新。

除去出野外和上课的时间，焦老师每天会准时来到办公室，全身心投入科研工作中，一丝不苟，孜孜不倦。焦老师从未停止对科研难题的思考，每每有新的想法和灵感便会第一时间和我们一起交流讨论，及时解答我们在科研工作中遇到的困惑。对于科研成果的表达和呈现，焦老师也一直对自己和团队保持高标准、严要求，并时常教育我们，只有把手头已有事情尽全力做好，才会有好的口碑，才会值得他人托付和信任。

回首和焦老师在一起的点点滴滴，他的谆谆教导萦绕耳旁，他的殷切期望常挂心上，他的似海师恩难以忘怀。与团队共处的这些岁月让我懂得，干事业要有责任心，搞学习要有踏实心，爱生活要有感恩心。得如此良师益友，是我此生之大幸！

作者简介

钟伟辉，男，江西宜春人，中共党员，中国地质大学（武汉）资源学院 2019 级硕博连读研究生，地质资源与地质工程专业，主要研究方向为砂岩型铀矿。

9

工程地质人的良师益友
——殷坤龙老师与学生的故事

导师简介

　　殷坤龙，男，安徽当涂人，教授，博士生导师。主要从事滑坡灾害预测预报与风险管理领域的教学和科研工作，享受国务院政府特殊津贴。发表学术论文 200 余篇，出版专著 7 部，曾获湖北省科学技术进步奖一等奖等重要奖项。担任中国科技咨询服务中心滑坡防治技术专家组专家、自然资源部地质灾害防治应急专家、湖北省灾害防御协会常务理事等学术组织职务，曾先后担任中国地质大学(武汉)研究生院常务副院长、教务处处长。自 1991 年留校任教至今，已为相关行业培养了 60 余名博士生，50 余名硕士生。

幸甚结缘，一生追随

　　与殷老师的初次见面，距今已有 7 年之久，但我记忆犹新，恍如就在昨日。得益于我校"卓越地质师班"人才培养计划,我有幸结识了殷老师。那时的我刚刚大三,为了能够更好地参加科研训练,在选择导师方面,我悉心向学长请教。当时,有位学长力荐殷老师,同时也告诉我,殷老师一般只收专业成绩前三名的学生,虽然你胜算不大,但是可以试试。于是我开始在网上检索殷老师的相关资料,阅读殷老师发表的学

作者与殷老师在三峡库区滑坡灾害调查现场

术论文,在这个过程中,逐渐对殷老师研究的方向产生了浓厚的兴趣。同时,我了解到殷老师正在为学院本科生上"岩土工程监测"这门课程,我便偷偷地跑去"蹭课",殷老师的授课风格深深打动了我。课堂上殷老师幽默风趣,英汉双语授课,课堂科研氛围十分浓厚,就连同学们的教材也是全英文的(教材是殷老师自己花钱购买给大家免费发放的)。能将一门专业课程用英语的授课方式讲得如此生动,我对这位学术大师的敬意油然而生。怀着忐忑的心情我约了殷老师见面,当时我坦言对科研还没有概念,所学专业与殷老师的科研方向也有较大的跨度,但我做好了迎头追上的准备。殷老师没有拒绝我的申请,而是教导我重视综合素质方面的培养,学科是相通的,现在学习的内容对今后的研究都是有用的,并鼓励我要有信心,要培养终身学习的

习惯。就这样，我通过"卓越地质师班"人才培养计划如愿加入了殷老师的团队，开始了对滑坡灾害的学习和研究。今天，回首过往，殷老师的教诲始终激励我不断前行。

言传身教，身体力行

对学生的培养，殷老师始终坚持"学术引领、启发兴趣、创造条件、把握关键、严格学风"的育人理念。他鼓励我们做一个快乐的研究生，在思想上要乐观，在学术上要优先，要德智体美劳全面发展。他鼓励我们释放个性，主动培养科研兴趣和实践能力，培养团队协作能力。他几乎时时刻刻思考着如何为我们创造更好的科研与实践条件，时常与我们促膝长谈，了解我们的科研进展及生活中是否有困难等。

🌀 殷老师暑期带领课题组老师和学生开展野外调查工作

殷老师满怀对地质事业的热爱，在滑坡灾害领域更是刻苦钻研。他常常教导我们要主动思考，敢于探究问题本质，到野外工作中去发现问题、解决问题。在现场调查过程中，他亲自带领我们认识岩层，分析地质现象，利用暑期开展灾害调查，头顶烈日，遍寻滑坡的变形迹象；在野外工作中，他与我们同吃同住，冒着危险到 20 米深的狭窄探井底部鉴定滑坡的滑动面。殷老师的身体力行始终激励着我们探求真理。

● 殷老师指导学生开展滑坡灾害野外调查

● 殷老师下探井鉴定
滑坡滑动面

专注科研，追求卓越

"顶尖技术落于现场，现场实践发现科学问题"，从最开始的基于 GIS 技术地质灾害空间预测，到地质灾害预警预报与风险评价，再到水库滑坡涌浪灾害链风险管控，殷老师带领课题组一直走在国际领域学术研究的前沿。他特别注重对我们国际视野的培养，多次在国际滑坡会议上鼓励我们向国内外学者分享团队在地质灾害监测和风险研究方面取得的成果，并定期邀请国际著名的滑坡研究专家到课题组的研究区进行实地考察，积极开展国际合作研究。同时，殷老师还大力支持我们出国研学，参与国际交流的研究生遍布世界多地。

帮扶他人，兼爱天下

殷老师是我们的良师益友，他不仅给予我们学术上的指导，而且经常关心大家的日常生活。学生生病，殷老师总是关怀备至，并鼓励大家多参加体育锻炼，要时刻把身体健康放在第一位。

殷老师有一颗仁爱之心。他作为国土资源部（现自然资源部）地质灾害防治应急专家组组长，率队赴重庆武隆开展三峡库区地质灾害规划调查期间，在鸭江镇一个滑坡点上，看到一位七八岁的小姑娘在已经开裂变形的老屋土墙屋檐下，趴在长条木凳上认真做着作业，便去与小姑娘交流。交流中了解到小姑娘父亲有残疾，爷爷奶奶身体不好，还有一个弟弟，母亲是家里的唯一劳动力，生活非常贫困。殷老师决定资助小姑娘读书直至高中毕业，希望她好好学习，将来考取中国地质大学，学习地质灾害防治，回报家乡建设。10 年来，殷老师一直与她保持书信联系，勉励她认真学习。直到 2019

年,她取得了 550 分的高考成绩,高过一本分数线 25 分。虽然无缘地大,但是他们约定,研究生再于地大完成 10 年之约。

大家眼中的殷老师

2021 届博士毕业生李烨

殷老师对地质工程专业有着深深的感情,他富有创造性的学术思想、丰富的科研经历和对工作的无限热情,时常感染与激励着我们。在科研上,他倡导我们积极主动地在探索的过程中发现问题、提出问题。当我有了具备一定可行性的想法时,他大力支持我将想法落实;当我取得了小小的进步和成果时,他不吝鼓励并替我感到开心。在实践中,他为所有学生都提供了野外锻炼的机会,鼓励我们夯实实践能力、掌握专业技能。在暑期野外调查期间,他还抽空指导我的研究进展,非常认真地给我的论文提建议。在学生的培养上,他主张我们积极参加国际交流,在科研之余也要开阔眼界,感受不一样的学术氛围和思想文化。他时常和我们谈到,要做一个品德高尚的人,不要害怕吃小亏。每一个研究生都将成为能独当一面的人,毕业时就能像插上了翅膀在广阔的天空中飞翔。我很荣幸成为殷老师课题组的一员!

2022 届博士毕业生郭子正

我从大四开始进入殷老师的课题组,到现在已有近 7 年时间。印象很深的一点是殷老师一直教导我们要能独立解决实际的工程问题,因为我们所学的工程地质学科是一门很注重实际应用的专业。在他的带领下,我们在办公室中的理论研究工作和在野外的实地调查齐头并进,在开阔眼界的同时又学到了很多课堂上没有的知识。有很多次和殷老师一起出野外,他都比我们还不怕危险且活力十足,让我亲身感受到了他的人格魅力。另外,殷老师讲课十分生动有趣,我有幸在本科和研究生阶段各修了一门由殷老师主讲的课程,他总是能结合自身的经历和多年科研工作的感悟,向我们年轻人提出有趣的想法和见解,令我受益匪浅。感谢殷老师平日的教导,也祝福殷老师身体健康,工作顺利。

2018 级博士生陈琴

殷老师是一位十分具有人格魅力的老师,他为人正派,学术严谨,为学生提供了很好的科研学习平台。他时常对我们说:"你们毕业了,都是能插上翅膀自由飞翔的。"我是一名转专业过来的学生,刚开始学习地质工程相关专业知识时有些吃力,科研进展也并不顺利,曾经一度怀疑自己是否适合读这个专业。当殷老师得知我心理的想法后,他鼓励我、肯定我。现在我很感激他带我进入地质工程领域,我正在努力成为一名优秀的地质人。在出野外的时候,殷老师膝盖不太好,但是为了看清砂岩层位,坚持带头爬山,那种老一代地质人吃苦耐劳、坚持不懈的精神值得我们学习。他渊博的地质专业知识让我钦佩不已。有时候在野外看到很让人疑惑的地质现象,经他讲解,我们顿时豁然开朗。我很荣幸能够成为殷老师的博士生,他的一言一行时刻影响着我,我正努力成长为跟他一样令人敬佩的人。

2019 级博士生林巍

殷老师三十年如一日扎根三峡库区,深耕地质灾害领域的研究,在学术方面有着极高的前瞻性,为我们在专业的学习中指明方向,答疑解惑。殷老师很重视科研的实际意义,听他说过最多的一句话是"科研应当立足于解决实际问题"。同时殷老师鼓励我们释放个性,主张激发学生自主的科研兴趣和实践能力。为人师者,不仅教书更为育人。除了学术的引导,殷老师沉稳低调的处事风格、关爱学生及社会事业的家国情怀同样深深影响着我们,能在殷老师门下学习十分荣幸。

桃李不言，下自成蹊。殷老师将知识倾囊相授，他高尚的品德与严谨的态度指引着我勇往直前。得遇良师，三生有幸，在以后的人生道路上，他的悉心指导和教诲我将铭记于心，愿未来我也能插翅翱翔。经师易遇，人师难遭，成为殷老师的博士生是我的荣幸。感谢自己选择了读博，感恩殷老师选择了我。

作者简介

王腾飞，男，河南周口人，中国地质大学（武汉）工程学院 2020 级在读博士研究生。主要从事地质灾害监测预警及风险评价研究。曾获中国地质大学（武汉）十佳学生共产党员、优秀党支部书记、优秀学生标兵等荣誉称号，获研究生国家奖学金、国家励志奖学金、校长奖学金、学海学生骨干奖学金，本科和硕士毕业时均被评为学校优秀毕业生。

10

家国情怀满我心，刚柔并济"授渔"人
——蔡之华老师与学生的故事

导师简介

　　蔡之华，男，湖北浠水人，教授，博士生导师。主要从事演化计算和数据挖掘相关的教学和研究工作。任湖北省计算机学会副理事长，中国计算机学会高级会员，湖北省高等教育学会计算机教育专委会副主任。主持"863"科技攻关项目、国家自然科学基金项目和湖北省自然科学基金创新群体项目等。主持的项目获湖北省自然科学奖二等奖、三等奖各1次，湖北省高等学校教学成果奖二等奖、三等奖各1次，出版专著2部、译著1部。在包括 TEC、TGRS、TCYB、TKDE、TMM 等 IEEE 汇刊在内的权威期刊上发表论文150多篇，其中 SCI 论文60多篇、EI 论文80多篇。

我自2005年到学校攻读硕士学位至今,经历了17个春秋,蔡老师以他的家国情怀、爱岗敬业的人格魅力深深地感染了我。

学高为师,德高为范

记得2005年考上研究生联系导师时,蔡老师的第一个问题:"是不是中国共产党党员?"我很骄傲地说:"是。"而这个问题后来也成为研究生们进实验室的必问问题,对是党员的同学,蔡老师就嘱咐大家:"是党员就要发挥党员的带头作用,国家和学校给大家提供了良好的科研环境与基本的生活补助,一定要好好学习和努力钻研,走上工作岗位回报国家。"对不是党员的同学,蔡老师就鼓励说:"大家开始了新的学习阶段,应该提高思想觉悟,争取早日入党,思想和科研齐头并进。"

我在博士期间被公派到加拿大访问留学。出发前,蔡老师就说,到国外去看看,学习先进的技术带回来建设国家。他举例说,他到访过德国、加拿大、澳大利亚,目的就是通过所见所闻,指导学生走出国门,学习国外的先进经验,回报国家。

蔡老师曾任计算机学院副院长、院长,在工作和科研方面千头万绪,但蔡老师总是能协调好时间,白天在办公室,晚上在实验室。记得我读硕士时参与了一项国防军工项目,蔡老师利用晚上和周末的时间跟我们一起讨论,每次看到他疲惫的身影和渐白的头发,我们都充满了无限的动力。而且在讨论中,他敏锐的思维和丰富的经验给了我们极大的帮助,蔡老师经常坚持陪着我们加班到深夜,第二天又激情满满地投入学院的管理工作中。

蔡老师认真负责、吃苦耐劳的工作作风对我后来的工作有着深远的影响。毕业留校任教后,我主要负责实验室相关工作,面对机房管理,感觉工作复杂、无法集中精力科研。通过跟蔡老师谈心,他将几十年的工作经验跟我分享,从而使我调整好心态,兼顾了工作和科研。在工作中,我一直尽职尽责、任劳任怨,较好地完成了实验室管理和维护工作及上级分配的各项工作,只为不负蔡老师的教诲与培养。

我在开始指导硕士生、博士生后,把蔡老师的爱国精神、工作态度传给我的学生,让他们做一个对社会有用的人,做一个有家国情怀的人。目前我已指导两届研究生毕业,他们中大多数人在读研期间就在权威期刊上发表过论文,并在毕业时找到了理想的工作。

"鱼渔"同授,刚柔并济

在蔡老师的学生中,我的基础知识和编程能力都较欠缺。针对这些不足,蔡老师给我制订了一个特殊的学习计划,就是"广阅读,重动手"。他每周挑选几篇论文让我学习,重点翻译一篇,然后在此基础上重写代码,在团队例会上汇报论文的创新点及代码实现过程中存在的问题。通过研一上半年的锻炼,我的写作能力和编程能力都得到了很大的提升。但这仅仅是"授之以鱼",更重要的是"授之以渔"。

发表论文只是研究生阶段的一个环节,在读研期间,蔡老师就注重对我项目申请书撰写能力的培养。蔡老师把自己的基金本子拿来跟我分享,将摘要、研究目标、研究内容、技术路线等内容逐一分解,传授撰写思路。这些宝贵的经验对我后面申报并获批国家自然科学基金、湖北省自然科学基金等项目起到了非常重要的作用。

蔡老师非常重视"理论 + 实践"的理念,他常对我说:"高效的理论学习与扎实的实践过程是培养学科兴趣的持久动力。"因此,他在研究生的培养上,始终积极探索新培养模式,延展科研学习空域和时域,优化交流交互过程,提升学生培养质量。蔡老师非常重视学生参与学科竞赛及参加国际交流会议，很多时候，他都亲赴一线和学生一起备战。记得我第一次与蔡老师前往国外参加国际会议，当时由于飞机晚点，我们到达酒店时几乎一天没合眼，而蔡老师抵达酒店后仍然坚持将会议上与我们研究方向相关的论文和作者一一标注。第二天参会时，蔡老师带着我像赶集一样，穿梭在各个会场听报告，与同领域的专家交流。这种认真的学习态度和科研精神深深地打动了我，也是如今我和我的学生参加国内外会议时一直坚持的风格。

"要向身边的榜样学习，他能做到的，你也能做到，赶上甚至超过他"，这是蔡老师多次教导我的一句话。大道至简，遵循蔡老师教导的方式，我从求学到参加工作的过程中，在诸多方面都获得了些许成果。同时，蔡老师也经常鼓励我去尝试发掘合适自己的道路，而不是被既定的标签给束缚住了。这也启迪了我去寻找生活的多样性与可能性，不断地去思考自己想要的生活。蔡老师在科研、人生等多方面传授的诸多见解与看法，都是我收获的宝贵财富！

◐ 作者和蔡老师参加国际会议与参会者进行学术交流

良师益友,桃李满园

蔡老师是一位严谨负责的老师,虽然工作繁忙,但是他都亲力亲为指导学生。在学生求学时,从规划学业、探索专业到提出创新研究途径,他都精心准备,细心指导;积极为学生创新创业提供条件,经常邀请国内外知名专家开展专题讲座;积极带学生参加各类社会实践、学科竞赛等活动,增长学生的实践才干。

在生活中,蔡老师更是一位学生的知心朋友,当学生生活遇到困难时,他总给予力所能及的帮助。对于经济较为紧张的学生,蔡老师别出心裁,通过"积分兑换""抽奖赠送"等形式,让学生安心接受帮助。他举办的每次活动都饱含着对学生深切的关心与细心的考虑。蔡老师就是这样,既尊重学生的感受也帮助学生克服生活困难,每当学生有困难需

● 作者和蔡老师在 WHISPERS 会议现场

要帮助之时,他总会适时发现并以一种恰当的方式给学生带来关怀。

2019 年，我和蔡老师在国外参加国际会议，一位即将毕业的博士生修改研究生系统里的学位申请信息，需要蔡老师审核，但当时我们正在会场，没有电脑，也没有网络，蔡老师为了尽快完成审核，开通了手机的国际流量，在手机上完成了相关操作，蔡老师一步步完成系统登录，仔细检查学生的资料，完成审核。蔡老师由于近视和老视，操作非常困难，我想替他来完成，但他仍坚持自己动手。我不解地说："学生这些工作不是应该提前完成，怎么到截止时间才修改！"蔡老师说："学生毕业是非常重要的事情，要理解学生的难处，尽量提供力所能及的帮助。"

在我的心目中，蔡之华老师是最好的导师。我有一位师兄曾经这样说道："蔡老师不仅用深厚的学识指导学业，还用真挚的情感温暖人心。他不仅是学业上的老师，也是生活中的朋友。"

蔡老师培养的学生活跃在不同的岗位，既有在高校任教的，也有在阿里巴巴、Twitter 及 IBM 等知名企业任职工作的。无论在哪个行业，大家都秉承着"艰苦朴素，求真务实"的校训，努力工作。

🔘 蔡老师和 2021 届毕业生合影留念

借此机会我想表达对蔡老师深深的感谢,虽然自己早已毕业,也成为了一名老师,但我从未忘记那些与蔡老师共同奋斗过的春秋与冬夏。从南望山的 403 实验室,到未来城的 222 实验室,皎月陪伴着蔡老师备课的夜晚,实验室见证着他的坚守与执着。哪怕青春逝去,哪怕岁月染白鬓角,他都以那份匠心,哺育着一代又一代的青年学子!

作者简介

刘小波,男,湖北红安人,2012 年获地学信息工程博士学位,2010 年 9 月至 2011 年 12 月,国家公派加拿大新布伦瑞克大学计算机学院联合培养。现为中国地质大学(武汉)自动化学院副教授,博士生导师,主要从事演化计算、数据挖掘、高光谱遥感方面的研究工作。

11

学生心中大家长，兢兢业业"琢玉"人
——杨明星老师与学生的故事

导师简介

杨明星，男，湖北仙桃人，教授，博士生导师。中国地质大学(武汉)珠宝学院院长、中国地质大学(武汉)珠宝检测中心主任。先后获英国宝石协会珠宝鉴定师 FGA 证书、英国宝石协会钻石分级师 DGA 证书、中国珠宝玉石质量注册检验师资格、美国珠宝评估 MVP 证书。从事宝石学教学、研究和检测工作 30 余年，发表论文 60 多篇，参与制定国家标准和省级标准共 5 种，近年重点开展绿松石、和田玉等品种的玉石学研究。主持或参与多个国家自然科学基金项目、国家社会科学基金项目、国家重点研发计划"国家质量基础的共性技术研究与应用"专项项目、科技部攻关项目、市场监管总局项目、教育部项目和自然资源部项目，已培养研究生 40 余人。

中国地质大学（武汉）珠宝学院是中国珠宝教育的摇篮，幸运的是，我怀揣着对宝石的热爱进入了珠宝学院学习。更幸运的是，在进行本科毕业设计时，我遇到了我的导师杨明星教授，加入他的科研团队，成为"杨家将"的一员。

因材施教，分类培养

杨老师是一个很博学的人，地学背景出身的他，不仅讲起地层、构造运动侃侃而谈，而且指导我们学习历史文化也游刃有余。杨老师既能解释成矿作用、地质构造，又能解读楚国文化内涵及中外文明发展进程，对于平日珠宝圈发生的新鲜事也紧跟步伐。

我们团队是一个很庞大的家庭，成员覆盖硕士、博士、博士后，还有每年做毕业设计的本科生。同学们的专业背景、性格特征也不尽相同，有的是珠宝鉴定本专业升学，有的则是外校地质学考研加入的。此外，团队还有考古学、艺术设计专业背景的同学并肩作战。结合我们的本科专业背景与兴趣，与杨老师深入交流研究方向后，团队分出了绿松石、和田玉与蜻蜓眼玻璃珠三大方向。此外，又根据大家的专长与意向，分出了现代宝石研究和古代宝石文化两大方向。

杨老师作为我们团队的"大家长"，始终保持着学习的态度，对相关研究领域做大量了解和研究，通过与学生的交流，安排不同类型的任务给我们完成，观察完成情况及表现，确认培养要求与研究方向。例如，针对有文化学习背景的同学，杨老师会根据他的兴趣和特长安排他进行珠宝文化方面的研究，而实验能力强、对数据敏感度高的同学则会接触更多实验性强、数据分析类的研究。

🌕 杨老师(左五)在新疆且末天泰矿区进行矿产资源调查

问题，且能在较短的时间内把握研究主题。杨老师总是鼓励我们阅读更多研究方向的论文，除了对自己研究的方向了然于心外，还要关注其他同学、其他课题组乃至同行业其他团队的研究情况与进展。杨老师非常重视我们认识问题、思考问题、提出问题解决方案的能力的培养。

阅读是一项最基本的功夫，他强调："研究生的文献阅读可以分为 3 个层次，第一层次是最基本的专业文献的阅读，第二层次是相关学科的知识储备，第三层次是一些经典的、与专业无关的阅读。"不可避免地，现在的学生培养中存在严重的学科分割和碎片化知识的倾向，过度强调专业导致学生在相关问题上的知识非常薄弱，大大局限了对问题的深入理解。如何将问题理解透彻，并将各个部分打通，是杨老师要求我们学习的重要一课。

有了好的研究思路和数据后，考验我们的另一道坎是独立的学术写作能力。学术写作的内容囊括了一针见血的内容摘要，学术回顾与文献综述，完整的引用、注释，严密的逻辑，审慎而明确的结论。杨老师时常鼓励学生发表高水平的论文，虽然珠宝类的学术刊物较少，但还是要求我们独立写作，力争将论文发表在国内或国际珠宝类顶刊上。团队内有一名师兄硕士期间发表了 4 篇 SCI 论文，一名在读博士师姐已在写第三篇国际珠宝类顶刊论文了。其他"杨家将"在师兄师姐的带领和影响下，也在自己的研究方向上不断努力着。

以身作责，亲力亲为

作为珠宝专业的学生，仅仅会读文章、查资料是不够的，强大的实践操作能力和实验能力是我们立足宝石研究的基础。杨老师会强调锻炼学生独立的测试工作能力，每年坚持带我们外出调研，去珠宝玉石矿山、市场、博物馆、实验室,足迹从南到北,横跨大半个中国。每次暑期出野外采集标本,都需要深入矿区,顶着烈日背着大量的岩石标本跋山涉水。

2020年的夏天,团队去竹山县文峰乡矿山采集样品,我们连续爬了六七小时的山。由于山上没有路,植被覆盖严重,杨老师走在前头拿着木棍为我们开路,除掉带刺的树枝。爬山时由于时不时有滚石掉落,杨老师叮嘱我们小心,不要被砸到。那天下着毛毛细雨,山上树木腐朽,采集完标本下山返程时极为艰难,脚下容易打滑,而且没有抓手。大家背着重重的岩石标本,由于中午只吃了点面包充饥,体力不足。于是,杨老师顶着危险在前头,每走一步就用手里的地质锤在山坡上挖出一个垫脚的坑,再用手里的木棍帮大家支撑,避免踩空。在杨老师的悉心帮助下,我们才一步步安全顺利地下了山。实测剖面、实地采集标本、处理样品、完成测试、数据分析整理等培养了我们独立作战的能力。团队每次来

◎ 杨老师团队在竹山县进行野外地质调查工作

了新的样品,大家也会集合在一起完成实验,"驻扎"在实验室。

记得2017年我们做毕业设计时,因为答辩日期将近,而我们又有了一些新的想法想与杨老师探讨,在询问得知他晚上在办公室后,我们便赶到办公室,与他从晚上七点多聊到很晚。就在大家收获满满准备离去,和杨老师告别的时候,杨老师才说当天他刚从深圳出差回来,还没有来得及回家吃饭。当时每位同学的心里都充满歉意但又感觉暖暖的,杨老师就是这样一位

温和负责的导师。

　　有时，杨老师为我们阐述一个晦涩的道理，也常采用打比方的方式，举的例子生动又令人记忆深刻。杨老师曾拿起一块黄色的玉石(每一面的纹理都稍有不同)给我们看，因为我们从不同的方向观察这块玉石，所以对玉石的描述不尽相同。老师通过这样简单的举例告诉我们，任何事物都是多面的，而我们观察的角度不同，得到的结果也必然会不同……

🔵 **杨老师在俄罗斯贝加尔湖伊尔库斯克库房进行软玉评估工作**

　　拥有一段良好的师生关系是每个学生在校期间幸福的保障。有时导师稍稍的点拨，便能解决学生的困顿，改变学生的惯性思维，使学生获得比知识更重要的思考方式。诚然，每个导师风格不同，但每个导师都会在一个个年轻的未来之星的身上涂抹上浓重的一笔，在他们的学术生涯中打上思想的烙印，影响他们生活的许多方面。杨老师对我们的付出，或体现在我们的成绩上，或体现在我们的学术成果上，但更多地，是体现在无数个坚持开周会的下午、无数个头脑风暴讨论问题的夜晚和无数个微信里细致的叮嘱里。成为"杨家将"的一员，感受杨老师和团队的温暖，共同学习和进步，我感到温馨又安心。

犹记得出野外时，夕阳下杨老师走在山间坚毅的身影，他步履稳健，回首呼唤同行的同学们："加油啊，快到山顶了。"

作者简介

何琰，女，甘肃酒泉人，珠宝学院 2019 级硕士。主要从事蜻蜓眼玻璃珠及宝石学方向研究工作。曾获中国地质大学(武汉)珠宝学院"优秀共青团干部"称号。

12

桃李不言，人才培养付真情
——刘刚老师与学生的故事

导师简介

刘刚，男，湖北武汉人，教授，博士生导师。主要从事地学大数据、智能地学信息处理、地质空间三维可视化建模与分析等方面的教学和科研工作。主持国家自然科学基金重点项目、国家"863"计划重点项目课题等国家及省部级项目 20 多项。发表论文 100 余篇，出版专著 3 部、教材 2 部，参与研发的 QuantyView 三维可视化地学信息系统软件平台在  地矿领域得到广泛应用。获湖北省技术发明奖一等奖、中国测绘学会测绘科技进步奖特等奖、湖北省高等学校教学成果奖一等奖、中国地质学会青年地质科技奖金锤奖、国际数学地球科学协会（IAMG）2020 年度教学奖（Griffiths Teaching Award）等重要奖项 11 项。曾获"研究生的良师益友""最美地大教工"等荣誉称号。

殷殷期许，催人奋进

与刘刚老师初次相识是 2011 年的秋季，我得知自己获得保研资格后，便主动给刘老师发了邮件，希望能报读他的研究生，当天晚上就收到了刘老师肯定的答复。初次见面，刘老师结合精致的成果彩页详细介绍了自己的研究方向，并鼓励我说："今后在科学研究中要结合国家需求，树立远大理想，积极投身于地质信息技术交叉领域的科学研究和系统研发。"当时我就被学识渊博、认真严谨、谦逊随和、温文尔雅的刘老师"圈粉"了，从此开启了我的硕博求学之路，这也注定了我们的师生情谊。8 年的硕博求学生涯，刘老师的谆谆教诲、殷殷期许，时刻激励着我不断奋进。

刘老师平时与人交谈很随和，但对于学术和科研问题却非常严谨。我保研后开始跟随刘老师做本科毕业设计，起初想着本科毕业论文要求不高，自己随便写写就可以通过了。但我第一次和刘老师讨论就受到了当头棒喝，他要求我进行充分的文献调研，深刻理解选题，梳理出详细的研究内容，并制订具体的技术路线，然后再和他进行进一步讨论。在修改论文的过程中，他首先从论文的整体架构等方面提出比较宏观的指导意见，然后再具体到每个章节，最后到具体语句、用词甚至标点符号的修改，如此反复修改了七八稿。当时我还很不理解，曾抱怨刘老师要求苛刻，吐槽他为何不一次性把问题都指出来。现在回想，正是刘老师不厌其烦、循循善诱的指导，才让我学到了更多关于学术写作、科学研究的技能和方法，也让我对待科研更加认真严肃、心存敬畏。

刚读研的时候，我内向、怯场、不善表达，站在讲台上就会双腿打颤、逻辑混乱。刘老师发现后有针对性地给我开了小灶，起初他要求我在团队内经常性地进行文献和工作汇报，并给出非常具体的点评，包括具体的语言表达、语速控制、站姿、交流互动的方式等。每次汇报后我都会得到刘老师的鼓励和肯定："这次又有了很大的进步，继续加油！"之后他又支持我申请研究生助教工作，通过辅助讲解本科生 GIS 上机实践课程，进一步提升了信心，也让我逐渐又掌握了"报告交流"这一科研人必须具备的重要技能。此后，刘老师支持和资助我参加了众多的国内外重要学术会议，并鼓励我在会议上作口头报告。记得那是 2015 年和刘老师一起去德国参加国际数学地球科学协会学术年会，那是我第一次参加国际学术会议。由于自己英语不好，本想主动将"oral presentation"改成"poster"，但刘老师要求并鼓励我一定要抓住这次锻炼的机会。然后刘老师主动帮我改 PPT、改讲稿，并一次一次地督促我演练、纠正我错误的表达，直到我可以脱离讲稿顺利地完成汇报。也是从这次以后，我才真正树立了信心，不再惧怕讲台和报告交流。

❁ 作者和刘刚老师一起参加国际会议

刘老师在科学研究、学术交流乃至平时生活等方面给予了我全面的指导、支持和帮助。2016 年我获得研究生院资助前往瑞士洛桑大学进行为期半年的访学，为了让我更系统地学习国外研究团队在地质统计模拟、地学空间建模领域的先进技术方法，刘老师主动匹配经费，资助我在国外的访学，将学习期限延长到了一年。每当我遇到困难，他总会给予我支持和鼓励；每当我课题遇到瓶颈,他都会通过线上交流讨论,给我指点迷津。在刘老师和国外导师的共同指导下,那一年我撰写并发表了数篇高水平学术论文,归国后顺利毕业并成功留校任教。即便工作以后,遇到困难我也经常向刘老师请教,并且每次都会得到他具有前瞻性、可操作性的意见和建议,在教学方法、基金申报、学生培养等各个方面刘老师都给予了我指导。

十载风雨,历历在目,谆谆教诲,师恩难忘。从第一篇论文发表、第一次学术报告、第一个基金获批到我第一次登上讲台授课、第一次指导学生,在我成长的诸多阶段,刘老师都倾注了无私的关怀和帮助,特别是在学术前沿探索和创新方向上给予了我悉心指导。未来,我唯有传承这份厚爱,砥砺奋进,才不辜负刘老师的殷殷期许。

🌑 作者博士毕业时与刘老师合影

循循善诱,授人以渔

刘老师从教 20 多年来,深耕教育教学第一线,每学期坚持为本科生、研究生教授"地理信息系统""计算机导论""地质信息技术导论"等课程。刘老师给学生上的第一课总是教导大家诚实守信做人、踏踏实实做事,既要树立远大理想,也要脚踏实地学好专业技能、解决实际问题。刘老师的课堂注重理论与实践的结合,分析对比国内外的新思路、新技术和新方法,采用启发式教学法,受到学生的普遍欢迎,曾荣获中国地质大学(武汉)第一届青年教师优秀教学奖。刘老师从来不满足于既有教学方法的重复,实时更新教学计划、补充教学素材,尽自己所能上好每一节课。有一次和刘老师一起指导本科生上机实践时,他看到机房的管理系统说:"这不是很好地体现了地理时空位置关系吗?"于是他立即截图拍照、获取素材,将其引入了自己的课件。他一再强调实践教学的重要性,他鼓励本科生充分利用好学校"大学生创新创业训练计划项目"平台,通过项目锻炼拓展专业视野,提升自主分析和解决问题的能力,以此制订合理长远的发展规划,并指导多个学生团队取得了好成绩。

每当有新的研究生入学,刘老师总会召集整个团队开一个欢迎会,在会上刘老师提出的第一点总是"要想做好事,先学做好人",注重品德和责任心的培养,并以"远见、深究、思辨、创新"作为团队开展研究工作的指导思想,帮助学生树立正确的人生观、价值观。刘老师常用"细节决定成败"来要求学生,并希望学生做到潜心研究、宁静致远,以"把关键、求论证、重实践"来指导学生掌握分析问题和解决问题的方法,努力产出创新性成果。在对学生的论文指导中,刘老师循循善诱、要求严格,从论文结构、研究方法、实验论证到具体写作乃至标点符号,逐级引导学生自主修改完善,让学生掌握科学研究和学术写作的基本方法与技能,而不仅仅是修改具体的某个问题。

亦师亦友,桃李芬芳

在刘老师看来,每一位学生都是国家宝贵的人才资源,要努力做到有教

刘老师带领团队部分成员参加学术会议

刘老师组织团队进行科研项目研讨

无类,既要为"优生"提供更广阔的学习平台和更充分的锻炼机会,也要为"后进生"提供心理疏导和教育引导。得知空间信息与数字技术专业的一位同学产生消极厌学的情绪后,刘老师以自身求学经历积极开导,使该同学走出阴霾并重拾信心,在本科毕业后考取了硕士研究生。

"真正的教育是用一棵树去摇动另一棵树,用一朵云推动另一朵云,用一个灵魂去唤醒另一个灵魂。"刘老师一直以自己的思想、信念和品德,以及处世的态度、行为等,对学生的成长产生着潜移默化的影响。除了科学指导一丝不苟,刘老师还非常关注和关心学生的日常生活。2021年刘老师听说有些学生由于疫情暑期没能回家,便在中秋节送月饼给大家,给学生以家人般的关怀。在刘老师的影响下,课题组形成了积极的科研氛围,同学们都抱有浓厚的家国情怀。

2016级硕士研究生姚同学在毕业后通过选调生考试成为了一名基层公务员,日常琐碎重复的工作并没有浇灭他为国立心、为民立命的理想火苗,他积极参加脱贫攻坚、抗击疫情、防洪抗灾等工作,并在抗疫期间因工作表现突出受到江夏区政府表彰。2018级硕士研究生周同学成为了王校长称赞的有书香为伴、求知若渴、硕士三年打卡图书馆2000多次的"跑馆达人",周同学还在生活中勇于承担社会责任,成为了家乡抗洪志愿者中的一员,受到省级新闻媒体的报道和宣传,周同学硕士毕业后顺利进入知名IT公司工作。

刘老师和团队长期致力于地质信息技术复合型创新人才的培养,经过多年坚持不懈的努力,形成了本-硕-博全链条的培养体系。刘老师先后指导地质信息技术交叉方向的博士生、硕士生60余名,多人获得国家奖学金,获第十五届"挑战杯"全国大学生课外学术科技作品竞赛二等奖、湖北省第十一届"挑战杯"大学生课外学术科技作品竞赛特等奖、中国地球科学大数据挖掘与人工智能挑战赛一等奖、全国高校移动互联网应用开发创新大赛二等奖等奖项,指导的学生论文被评为湖北省优秀硕士学位论文(2篇)。

💡 刘老师和团队学生在一起

经师易遇,人师难遭。刘老师以一丝不苟的治学态度、默默奉献的无私精神、谦逊真诚的待人方式、积极向上的生活热情,深刻影响着与他为伴的每一位学生。无论我们身处何地、从事何种职业,身上都烙上了刘老师深深的印记。

十载风雨,浓浓关怀,殷殷期许,师恩难忘!

砥砺前行,谆谆教诲,初心不忘,桃李芬芳!

作者简介

　　陈麒玉，男，甘肃天水人，博士，特任教授，硕士生导师。2012—2018 年就读于中国地质大学（武汉）计算机学院地学信息工程专业（硕博连读），2018 年毕业后留校任教至今，2022 年入选地大学者青年拔尖人才。主要从事地学大数据、三维地质建模、多点地质统计学等方面的研究。主持国家自然科学基金面上项目、国家自然科学基金青年科学基金项目等 4 项。已发表相关领域重要学术期刊和会议论文 30 余篇，获授权国家发明专利 10 项、软件著作权 3 项。担任国际学术期刊 *Applied Computing and Geosciences* 编委、*Big Earth Data* 主题编辑。获中国测绘学会测绘科技进步奖二等奖。

13

陪伴学生成长的领航人
——王红梅老师与学生的故事

导师简介

　　王红梅,女,河南睢县人,教授,博士生导师。主要从事微生物生态学和地质微生物学的教学与科研工作。2008 年获得教育部自然科学奖一等奖,2012 年获得武汉市第三届青年科技奖,2013 年、2021 年获得武汉市三八红旗手称号,2015 年获湖北省师德先进个人。主持国家自然科学基金项目 7 项（含重点项目 2 项）、"973" 项目子课题 2 项和中国石油化工集团有限公司前瞻性基础性研究项目 1 项。发表 SCI 论文 60 余篇,参与出版专著 2 部。

　　作为王老师 2019 级的博士生,我不是最聪明的学生,但我一直勉励自己做最努力的学生。王老师的为师之道——"不愤不启,不悱不发。举一隅不以三隅反,则不复也"一直让我收获颇多。从初次见面到现在,我对王老师也有了更立体的认识。

科研引路人

初见时,王老师对项目成果的自信与热情深深感染了刚进入大学的我,同时也激发了我对科研的兴趣。随后我进一步接触到了微生物学,也选修了王老师的"微生物生态学"课程。生动有趣的课程与需大量阅读和花心思完成的课后作业像星星之火在我对科研渴求的草原上燃烧。后来,通过大学生创新创业计划,我如愿加入王老师团队并开始了实验学习,理论和实践知识的储备逐渐丰盈,以至于后期在获得保研名额后,我果断地选择了王老师作为我的研究生导

作者(左一)和王老师(左二)的合照

师。幸运的是王老师也同样选择了我。现在回忆起初见王老师的情景恍如昨日,或许就是当年一份对未知的好奇加上一份对求知的热情才让我选择了这条道路并甘之如饴,万分感谢我的科研引路人王红梅老师。

科研筑基人

还记得 2017 年正式成为王老师的研究生时,她第一次帮助我确定了我的研究方向——洞穴作为潜在大气甲烷的汇。她看出了我眼中的茫然,亲自为我讲解了这个方向从产生到发展的全部过程。清晰的思路、完整的结构和

有趣的语言无一不让我对未知方向兴味盎然。当时，我暗暗下定决心，也要成为像王老师一样"传道、授业、解惑"的人。

从我开始研究洞穴甲烷方向至今，有过挫折，但是王老师像一盏明灯，照耀我，激励我。还记得撰写第一篇文章时，我等来的审稿意见有超过50个让人头痛困惑的犀利问题，我感觉到了审稿人对作品的否认。王老师这时看出了我的焦虑，给我列出可以突破的点让我茅塞顿开。回答审稿人问题阶段，王老师一直鼓励我，让我不要放弃，重视每一个能让文章质量提高的问题。文章修改过程是一个雕琢过程，每一次修改我都会对文章有更深一步的理解。最后，当这篇文章如愿被最合适的期刊接收时，王老师和我一起开心得像孩子一样。

🌑 王老师指导研究生实验

感谢王老师用坚持不懈的精神及火焰般的热情一直激励着我，当我的师弟师妹们遇到困难的时候我也会有同理心，不断鼓励他们，争取将所有的事情做到尽善尽美。也许未来我真的能够实现我的理想——成为像王老师一样的老师。

🔘 **王老师指导研究生野外调研**

科研逐梦人

王老师在科研上严格要求我们，鼓励我们大方展示学术成果。还记得完成本科毕业设计时，因为毕业论文实验设计及数据成果较为完整且存在亮点，王老师便让我在国际会议上制作海报展示。这是我第一次制作英文海报，老师为我敲定题目后，我在王老师的指导和师兄的帮助下开始完善海报内容。完成时我心里充满了小小的骄傲，最后在会议上得到老师们的认可无疑给了我对未来科研的极大信心。

后来，王老师又带我到北京参加生物有机地球化学会议，这是我第一次在大家面前利用 PPT 展示我的成果。紧张焦虑一直围绕着我，王老师见了一直跟我说："没事，讲清楚你的成果就好了。"报告结束，获得了在场评委老师的一致好评,王老师也和我一样喜悦。王老师总是说,成果要大方展示,让大家能够知道你、认识你,是一件值得骄傲的事情。谢谢王老师,能够让我在科研这条路上一直追逐我的目标。王老师,感谢让我在最正确的时光遇见了最好的您,多谢梅花,伴我微吟,有您,真好!

同学们眼中的王老师

2021届硕士毕业生宋宇扬

在学术研究上,王老师始终坚持"授人以鱼,不如授之以渔"的原则,同时严谨求实,教导我们要志存高远,严格遵守学术道德和学术规范,为以后的继续深造打好坚实的基础。在野外工作中,王老师就是一位"女超人",始终冲在第一线,以身作则,以实际行动教导我们。在生活中,王老师会主动关心学生心理及身体健康,比如在新型冠状病毒肺炎疫情期间主动关心我们的心理和身体状况,当得知我们在科研方面有些迷茫的时候,安抚我们的情绪,告诉我们"有问题多沟通,不用着急慢慢来,多多注意防护",这让我们感觉非常温暖和亲切。疫情结束以后,为了确保我们的实验进度,她要求我们每个月汇报自己的实验进展,第一时间帮助我们解决问题。我很荣幸成为王老师的学生,也非常感谢王老师,我会带着这份感恩之心,努力学习,踏实科研,不辜负她对我的期望。

2022届硕士毕业生曾智霖

读大一的时候我就听说过王老师,当时只知道她是"学术超级厉害的大咖"。后来跟着王老师做本科毕业设计,到现在读研成为王老师的弟子,一路走来越发能体会到王老师身上的学术魅力和人格魅力。王老师在学术上总是很严格,会要求我们做详细的、格式分明的实验记录,会告诉我们"不要只依赖测序数据,一定要亲手做实验",会要求我们每周精读文献、每个月做总结,甚至会在出野外之前专门给我们开会讲野外取样的注意事项。但在生活中她和蔼可亲甚至有点可爱,日常关心我们的心情,元旦特意组织联欢会,还会带我们拍好看的照片。我不是一个优秀的学生,但王老师却总是悉心指导,不厌其烦。我想对王老师说:"三生有幸,得您一程风雪相伴。希望您工作顺利,平安健康,万事胜意。"

2019 级博士生王纬琦

王老师经常牺牲自己的休息时间为学生答疑解惑。还记得一次午后,尽管她已经很是疲惫,仍然坚持指导我解决在实验中遇到的一些问题。这样的场景不胜枚举,我时常叹服王老师对科研充沛的精力和对学生认真负责的态度。在野外,王老师会和学生拉家常,分享自己的学习和科研经历。健谈的王老师从自己中学时代一直聊到成为大学老师,她告诫大家英语的学习是科学研究中必不可少的一部分。我们也因此知道王老师在中学时期便热衷于英语学习,这为她后来的科研打下了坚实的基础。这些交谈扩展了大家的视野,也潜移默化地坚定了大家投身科研的信心,我很荣幸可以成为王老师科研团队的一员。

🔵 王红梅老师组织课题组举行元旦联欢会

作者简介

程晓钰，女，湖北襄阳人，中国地质大学(武汉)环境学院 2019 级博士研究生。主要研究方向为环境科学与工程，在王红梅教授负责的生物地质与环境地质国家重点实验室地质微生物分室开展研究工作。同时，获国家留学基金委资助赴荷兰生态所(NIOO-KNAW) 的 Paul L. E. Bodelier 博士研究组进行为期 14 个月的交流学习。以第一作者身份发表 SCI 论文 2 篇，合作发表 SCI 论文 3 篇,中文核心论文 6 篇。

14

春风化雨,"紫冬"绽放
——曹卫华老师与学生的故事

导师简介

曹卫华，男，河南周口人，教授，博士生导师。从教 20 多年来，坚持立德树人、教书育人的理念，为本科生和研究生讲授多门专业核心课程，现为首批国家级一流本科课程"过程控制"的建设负责人。面向钢铁冶金、地质勘察、智能机器人等国民经济支柱行业的重大需求，研究复杂系统先进

控制与智能自动化。承担国家自然科学基金重点项目、国家重点研发计划项目等 23 项，开发了一系列成功应用的工业过程智能控制系统，在推进产业关键技术创新和科技成果转化中做出了积极贡献，取得显著的经济和社会效益。获省部级科学技术进步奖二等奖 2 项、三等奖 2 项，发表高水平学术论文 90 余篇。多次获本科毕业论文优秀指导教师奖，获"研究生的良师益友"称号。

古人说："经师易遇，人师难遭。"曹老师为人师表，他严谨的治学态度令人钦佩，独特的育人方法更是帮助学生勇攀知识高峰，收获成功果实。

一语中的、润物无声,课堂问题化解人

我在博士第一学年选修了曹老师的"工业过程控制与优化"课程。面对研一新生,曹老师主要注重引导,强调问题驱动、需求驱动。曹老师立足于做过的实际项目,重点讲授如何从实际的工艺、需求出发,发现问题、分析问题,进而解决问题。曹老师的课堂犹如警察破案,抽丝剥茧,层层深入。

曹老师的课堂严谨而生动,他总是把最前沿的学科进展讲给学生听,不局限于课本但又不脱离课本;他也总是与学生互动研讨,强调课堂是大家的。印象很深刻的是曹老师在讲到冶金中的焦化工序时,结合板书,带领、引导同学们回顾了 5-2 串序推焦计划表的形成。

课堂互动

2020 年 3 月,我担任曹老师本科生专业主干课"过程控制"的助教。旁听课程时,我发现对于一些晦涩难懂的概念,曹老师总能找到学生熟悉的东西进行对比解释。例如,针对傅里叶变换中时域空间和频域空间,他用"横看成

岭侧成峰,远近高低各不同"来说明两种空间只是描述角度不同而已;而针对很枯燥的工业控制系统的优缺点,则以"秦始皇统一度量衡"等历史事件类比,表达不同的系统有着不同的使命,就如同历史长河滚滚向前,不断更新迭代。同学们评价:"生动、幽默、干货满满,听曹老师的课有一种醍醐灌顶的感觉。"

无论是研究生课程,还是本科生课程,曹老师都设置了研讨环节,学生需进行 PPT 汇报,学生讨论后,他会给出一些建议,从 PPT 制作风格、内容安排到汇报的声音、眼神再到专业知识,面面俱到。

曹老师这种"循循善诱,诲人不倦"的讲课方式,使同学们对过程控制有了更深入的理解。

严谨务实、循循善诱,科学研究引路人

曹老师严谨、负责,特别注重学生思维方式的培养,尽可能照顾到每一个学生。

曹老师在指导本科学生时,给学生提了一个最低的要求——不挂科。曹老师说:"只有把最基本的做好了,才会有更多的机会。"在本科毕业设计时,我就进入了曹老师的课题组,每周参加组会,旁听师兄师姐的课题汇报,此外曹老师还定期和我面对面讨论毕业设计。印象最深刻的是在撰写开题报告时,我对于研究背景、研究内容、研究方案的概念比较模糊。曹老师首先让我明确问题驱动、需求驱动的真正含义,其次耐心细致地给我讲解研究内容的构成与关键点,最后帮助我梳理研究方案的构成。在曹老师的谆谆教导下,我在本科时期就对科研的基本步骤有了初步了解,这对我后期的研究生学习起到至关重要的作用。

曹老师在指导刚进校的研一新生时，首先强调的就是"如何做人、如何做学术"。记得研究生开学的第一次组会，曹老师给我们上了一节关于如何开展研究的报告，要求我们恪守学术道德底线，完成好各培养环节。他说："论文是自己研究工作的一种展现形式，把工作做扎实，漂漂亮亮地呈现出来，不能够弄虚作假。"

曹老师对于学生写的论文、报告，从格式到结构再到具体的表述，都会仔细推敲，甚至一字之差，少一个空格都难逃曹老师法眼。每次讨论后，曹老师总会让学生先自己修改，修改完再进行讨论，有时候"修改－讨论"可能会重复七八次。曹老师常说："我可能花十几分钟就能改好，但是经过这么几轮下来，你们对于如何写东西的理解会更加深刻。"比起知识，曹老师更注重的是教方法和思路。"授之以鱼，不如授之以渔"，曹老师很好地诠释了这一点。

虽然同时指导着30多名学生，但曹老师对每一位学生的研究进展都了然于胸。为了更好地促进组内交流，曹老师每周都会组织课题组讨论会，风雨无阻，下午出差回来，晚上参加组会的情况更是时常发生。除了口头讨论之外，曹老师还会针对性地分享一些文章给学生。每个学期结束后，曹老师都会和学生进行一对一的交流，总结研究进展，明确下一步的研究任务与目标。

● 课题组合照

春风化雨、无微不至，人生道路领航人

在生活中，曹老师非常注重课题组内的凝聚力，他经常同高年级的同学谈心，希望高年级的同学能带动组内低年级的同学，互相帮助、共同进步，同时建议我们定期举办一些体育活动，加强组内的交流，真正做到"努力工作，享受生活"。在一些节假日到来之际，曹老师会在课题组微信群内给同学们送上祝福，希望我们开心健康、学有所成。大家也会为曹老师送上祝福，感谢他在生活上的关心与学术上的指导。对于一些已经毕业的师兄师姐，曹老师也时常与他们交流工作和生活上的新感悟。

❂ 课题组体育活动

问起曹老师研究生对他的评价时，"曹老师很好"出现的次数是最多的。"很好"表达的不仅是感激之情，更多的可能是因为找不到更合适的词来形容。

"四度春风化绸缪，几番秋雨洗鸿沟，黑发积霜织日月，粉笔无言写春秋。"曹老师如是。

作者简介

　　毕乐宇，男，自动化学院 2018 级直博生，中共党员。主要研究方向为复杂系统建模与优化、数据挖掘与知识发现。以第一作者身份发表 T1 级别期刊论文 2 篇、国际会议论文 2 篇，获国家发明专利授权 7 项。获"优秀研究生标兵"等校级及以上荣誉20 余项。

15

深耕地热、静待花开的引路人
——窦斌老师与学生的故事

导师简介

窦斌，男，甘肃静宁人，教授，博士生导师，"工程伦理"国家级课程思政示范课程、教学名师和团队负责人，江苏省"双创计划"创新人才。长期从事地热钻采方面的教学与科研工作。主持或参与国家自然科学基金、国家重点研发计划等项目 20 余项。发表论文 100 余篇，出版专著

4 部，获国家发明专利授权 20 余项。主编《地热工程学》教材 1 部，主编或参编国家能源局地热能行业规范 4 项。获省部级科学技术进步奖 1 项、湖北专利奖金奖 1 项、湖北省技术发明奖二等奖 1 项。

岁月不居,时节如流。又是一年盛夏,转眼间我已经毕业两年了。每当工作中遇到困难时,耳边总会响起毕业临别时我的研究生导师——窦斌教授的叮嘱和告诫,"首先,要踏实工作,不抱怨,把困难当作垫脚石;其次,不要把名利看得太重,要厚积薄发,积蓄能力;最后,要坚持理论学习,实践总结"。亦师亦父的窦老师,不仅传授了我专业知识,还一直呵护着我成长。

🌑 窦老师学生毕业合影

因"地"相识,与"热"相遇

满怀一腔科研热血,我迈进了地大的校门,些许迷茫,些许无措。"你们要了解课题组的科研内容,广泛阅读相关科技论文,多思考、多总结,找到与自身知识结构、兴趣相符的科研方向,然后一门心思搞研究,努力向前,多与老师、师兄交流。"窦老师对刚入学的研究生总是这样说。从面到线再到点,思考、总结再交流,看似简单几语却道出科研工作的要点。

洞察能源发展趋势,踏足深部地热能源,课题组组会上的"深层地热开发",简单6个字点明研究领域,这也是我与地热的第一次正式相遇。学习交流、答疑解惑、积极讨论、思想碰撞和推进工作是课题组组会的五大目标。也正是因为不断地知识输入与输出，质和量的相互融合，深层地热能源开采研究领域才不断拓宽、加长。

只要有机会出去交流，窦老师一定是大力支持的。2018年5月的海南，热风迎面，俨然已是盛夏。那是我第一次单独和窦老师去参加地热会议，会前窦老师极力推荐我去做报告和展板。我们师徒二人吃住同行，无话不谈，从地热的国内外发展谈到本次地热盛会，从基础学习讲到科研创新，从地理人文聊到个人爱好……窦老师毫无架子，像是一个知心朋友。我们一起傍晚沙滩上漫步，路边摊上喝椰汁，晨起沿着海岸线跑步……几天的会议时间虽然短暂，但窦老师讲了很多他曾经的艰苦求学经历和国内外的多彩人生，让我受益匪浅。此后在窦老师的关怀和引导下，我在地热研究方面也"渐入佳境"。

❶ 作者与导师在海南

热上加"热"，"跑"向全国

自窦老师组建地热团队以来，团队从零开始、从无到有，一点一滴，取得了丰硕的研究成果。目前，团队有教授2名、副教授3名、博士研究生5名、硕士研究生 12 名、留学生 2 名,获批国家重大研究计划 3 项("砂岩储层水 - 热 - 化动态监测与模拟方法""热储内多场耦合流动传热机理与取热性能优化""未固结砂岩热储层保护与增效钻完井技术及材料")、国家自然科学基金 5 项。团队共发表高水平论文 30 余篇,其中 2 篇入选高被引论文。

窦老师主编的《地热工程学》成为国内地热领域的第一本专业教材,获得 2021 年学校教材一等奖,该课程建设的慕课"登陆"了"学习强国",受到了地热界人士的广泛赞誉。2020 年团队完成的"一种干热岩储层裂缝形成方法"发明专利获湖北专利奖金奖,推动了科研成果转化。

教学科研之余,窦老师还于 2020 年 11 月组织召开了第一届"中国深部地热论坛"国际会议,凝聚力量、共谋地热发展,让国内地热研究更"热"了。经历 4 年的打磨,团队已成为国内地热研究领域的中坚力量,窦老师也成为了名副其实的学科带头人,扛起了国内地热发展大旗。

◐ "中国深部地热论坛"会议合影

"每天跑步 1 小时，为国健康工作 50 年"一直是窦老师的坚守，他立志拥有好身体，持续为科研奋斗。每当朝阳还未唤醒睡梦中的地大时，南望山下、东湖之畔，就已经能看到窦老师奔跑的身影。当校园晨读书声朗朗时，窦老师已完成 10 千米的日常"打卡"。窦老师连续多次参加全国马拉松长跑，多次获得校运会奖项，多年来每千米跑步用时始终保持在 4 分钟左

窦斌老师参加马拉松比赛

右。在很多地大学子的心中，窦老师就是跑步达人、运动达人。受窦老师的影响，团队里的同学们也养成了爱好运动的良好习惯，经常组织夜间跑步和集体打篮球。我个人也爱上了跑步，即使参加工作了，每晚也不忘来一场酣畅淋漓的跑步，劳逸结合，锻炼身体，以更加饱满的热情参与到工作和科研中去。

"为国家之奋起而学习，为领域之难题而钻研"一直是窦老师自我价值的实现目标，夜晚和周末工程楼里窦老师办公室亮起的灯，同学们习以为常。

厚积薄发，静待花开

年华匆匆，时光荏苒。我很荣幸能够成为窦老师的学生，跟随他做学问，

探真理。更重要的是窦老师潜移默化的影响：一是淡泊明志、事在人为；二是坚持到底、静待花开。很幸运的是毕业后的工作内容与在校研究有所交叉，还能经常向窦老师请教，窦老师也总是知无不言、言无不尽，给了我很多指导和建议。由于我的企业导师对窦老师的研究很感兴趣，多方沟通后，我和企业导师去学校拜访窦老师，我们相谈甚欢。临别时，窦老师说："我把我的学生交给您了，希望您多教导。"窦老师的话让我瞬间泪目。此后，我白天正常上班，晚上看论文、写资料，窦老师也多次询问项目进度并进行指导，提醒我要平衡时间、劳逸结合。2020 年 12 月，我终于邀请窦老师来到我工作单位做学术交流，将科学研究带到企业，加强了校企合作。带着窦老师的循循教导和殷殷期盼，相信我们每一名他的毕业生都会有 个奋斗不止的人生。

🌑 窦老师到作者工作单位交流

桃李满天下，师恩如海深！桃李不言，下自成蹊。

高山不移，碧水长流，我师恩泽，在心永留！

作者简介

　　徐超,男,湖北随州人,中国地质大学(武汉)2017级地质工程专业硕士研究生。在校期间发表论文1篇,获得国际发明专利1项、国家发明专利2项,其中1项国家发明专利被评为湖北专利奖金奖。获工程学院科技论文报告会一等奖,校级科技论文报告会二等奖,校级研究生优秀毕业论文奖。2020年7月入职中铁四院集团南宁勘察设计院,主要从事铁路路基勘察、设计工作。

16

其乐融融大家庭,艰苦奋斗龚家军
——龚健老师与学生的故事

导师简介

龚健，男，湖南常德人，教授、博士生导师。长期致力于国土空间规划、多尺度土地变化驱动机制及空间模拟、土地价格影响机理及空间扩散效应等方面研究。主持国家自然科学基金、国家社会科学基金、全国"多规合一"试点及其他省部级科研项目40余项。获国土资源科学技术进步奖二等奖1项，省部级科学技术进步奖二等奖1项，省部级地理信息科技进步奖特等奖1项，省级教学成果一等奖1项；获自然资源部科技领军人才、最受学生欢迎教师等多项荣誉称号。公开发表科研论文40余篇，主编、参编专著和教材4部。指导学生团队荣获全国村级土地利用规划志愿服务优秀实践成果一等奖、全国大学生不动产估价技能大赛一等奖等多项奖项。

平和谦逊,亦师亦友

我和龚老师相识于 2012 年,从师兄师姐那里了解到龚老师为人平和谦逊,思虑再三后,我便主动联系了龚老师,希望能报读他的研究生。龚老师给了我很多鼓励和指引,并欢迎我加入他的团队。龚老师对每个学生在生活、学习和科研工作中都给予充分的关心与帮助,容忍我们的小错误并及时予以指正。

记得有一次,项目组需要找政府相关部门盖章,龚老师让我起草了文件,由于疏忽我把文件内容写错了,原本约定好的盖章事宜也只能作罢,且带来了不好的影响和一些损失。但龚老师不但没有因此批评我,还安慰鼓励我说:"学生有犯错的空间和机会,不要过于自责,但要吸取教训并及时补救,这样才能在今后的工作岗位上少犯错,甚至不犯错。"经过这件事后,我在平时的科研工作中也更加细致认真。

龚老师的平和谦逊不仅体现在对待学生上,也体现在日常生活和工作中。因科研工作需要,我们经常需要和社会上各类人员打交道,龚老师经常告诫我们要"先做人,后做事"。他从不会因为自己是学院领导就对下属颐指气使,也不会因自己平时工作繁忙而疏于对学生的指导。

在我研二时,龚老师前往美国北卡罗来纳大学夏洛特分校开始了进一步的深造。起初导师不在学校,我会担心因无人监督指导又不够自律而疏于学习,后来才发现自己完全是杞人忧天。龚老师并未因时差地域等原因疏于对我的教导。相反,龚老师时常将他在访学期间遇到的新问题和新想法与我探讨,也不时向我讲述国外学者在科研中的技巧与态度。在这一过程中,我们虽然只能通过邮件等方式交流,但我和龚老师就像是一对科研老友在学术的海洋中尽情遨游探索,许多优质的想法与创意也在这一过程中迸发出来,让我受益至今。也是在此期间我确定了后来的研究方向。

作者博士论文答辩现场照片(左一为作者,右一为龚老师)

力学笃行,授人以渔

尽天下之学,无有不行而可以言学者。自从进入团队,在实践中学习的理念便深深地刻在了每一位同学心里。无论是进行实验报告与论文撰写,还是进行科研项目研究,龚老师总是要求我们在实地走访调查的基础上,结合研究区的实际特点,再去拟定具体的研究思路与计划。诚然,依靠当地的数据资料也可以拟出一份研究计划,但这样的计划方案是绝对不会得到龚老师的认可的。就以国土空间规划的编制工作而言,龚老师常说,"规划是有性格的"。在充分实地考察调研的基础上所编制出的规划,必然会更切合实际、个性鲜明。也正是在这种理念的指导下,我研究生阶段有相当部分的实践是在考察调研的旅程中完成。

◎ **龚老师带领团队成员在鄂州市华容区小庙村开展村庄规划调研**
（该规划成果获自然资源部村庄规划实践成果一等奖）

在与龚老师的每次出差中，我总能学到很多书本上没有的经验与知识。无论是实地测绘与踏勘记录的窍门、土壤选点取样的技巧，还是与人沟通交流的经验，都让我受益匪浅。

此外，龚老师在治学中深谙"授人以鱼，不如授人以渔"的道理。在我研一时，龚老师便把重要的课题交给我去统筹开展。虽然我认为当时自己的能力还有很大欠缺，但在龚老师的鼓励与指导下，我最终还是顺利完成了课题方案的拟定，并与众多同学一起分工合作顺利完成了课题。在此过程中，龚老师给了我充足的时间去阅读文献资料并拟定初步方案。直到我对课题有了较为全面的认知和了解，龚老师才适时地在关键问题上给予我指导。此种教学模式不仅充分地调动了我自身的积极性与能动性，让我在自主学习中深刻地理解课题相关的理论知识，而且通过适时的指导让我对关键问题有了更为深入的理解，也确保了课题质量，并让我迅速从刚入团队时的懵懂进入了一个研究生所应有的状态。

谆谆教诲，循循善诱

龚老师对学生的指导，往往并非直接告诉学生问题的答案，而是慢慢引导学生思考并找到解决问题的方法。到了博士阶段，虽然我对专业已经有了较为全面的认知和理解，也发表了几篇论文，但下一步如何去突破与创新却成为一段时间内最为困扰我的问题。

也许是理工科出身的缘故，一段时间内我对于科研突破的认知局限在了对于模型本身的创新与算法的优化上。在耗费了大量精力却突破很小的情况下，我开始怀疑自己可能选错了研究方向，于是如无头苍蝇般去读文献、写论文，投入了大量时间却没有任何产出，碰了一鼻子灰，我甚至后悔攻读博士了。龚老师发现我的焦虑之后，及时地给予了我指导。他让我认真去思考我们专业学科各类模型建立的初衷和所要达到的目标究竟是什么，并提醒我说，我们专业的研究成果有着重要的社会价值等实际意义，一个模型建立的最终目的是要发现和解决土地利用、规划等实际问题。在跳出模型本身，从目标与问题的角度深入思考后，我的思路也豁然开朗。他还提醒我说人的精力是有限的，有所不为才能有所为，要保持研究定力，不达目的不罢休。

◎ 龚老师调研村庄脱贫攻坚情况

至亲至善至知己，亦师亦友亦比邻。龚老师于我、于众多的师弟师妹，像是一个严厉而不失亲和的朋友。正是龚老师于细微之处恰到好处的点拨、在每个细节上的悉心指导、在生活中无微不至的关心，才让我们团队更有活力、凝聚力与战斗力。每次团队组会的严谨讨论与每个课题研究中龚老师给予我们的充分的发挥空间，两者相得益彰，让每个课题参与者都能在繁忙的科研工作中得到属于自己的那份特殊的收获。不知不觉间，我在这个团队已度过了 10 年的时光，但我依然享受在团队中工作学习的每一天。最难的课题就在手边，最好的导师就在对面。我想，这样的团队对于每一个科研人来说，都是想继续为之奋斗的吧。

作者简介

　　杨建新，男，湖北鄂州人。2019 年毕业于中国地质大学（武汉）公共管理学院，现为中国地质大学（武汉）公共管理学院特任副教授，主持承担了国家自然科学基金青年科学基金及多项其他省部级科研项目。攻读博士期间赴美国联合培养 14 个月。主要研究方向为国土空间规划、土地变化建模与分析等，在空间分析、元胞自动机、多智能体建模等方面取得了系列研究成果。硕博期间，曾获博士研究生国家奖学金及校级优秀博士毕业论文等荣誉，发表论文 15 篇。

17

因"地"而遇,照我前行
——郭海湘老师与学生的故事

导师简介

郭海湘，男，湖南湘乡人，教授，博士生导师，日本早稻田大学、美国匹兹堡大学访问学者，入选教育部"新世纪优秀人才支持计划"、中宣部"宣传思想文化青年英才"、自然资源部"高层次科技创新人才工程"科技领军人才、"湖北省青年科技晨光计划"及"湖北省高等学校优秀中青年科技创新团队计划"。主要从事应急管理系统仿真与决策的相关研究工作，采用智能计算与仿真的优化及建模方法解决"数据－信息－知识－决策"链中的数据融合、关键属性提取、关联规则挖掘、不均衡数据分类、文本挖掘、自适应优化等科学问题，并将其应用于灾前预测预警预案、灾中物资与救援队伍调度、灾后恢复和韧性评估等复杂管理系统中。

悉心教导，指点迷津

随着地大银杏落地，郭老师也精准地"落"到了我的生活轨道中。2017年秋，上了郭老师讲授的"运筹学基础"课程后，我下定决心，以后一定要继续跟着郭老师学习。郭老师对团队成员有两大要求：一是要求研究生广泛阅读文献，养成阅读文献资料的习惯，了解研究方向的最新进展；二是要求课题组每周组织组会，并要求课题组全体研究生参加。

印象最深的是有一次因为赶报告，郭老师连续两天没有睡觉，但是第三天，郭老师依旧早上九点准时到北三楼参加组会，孜孜不倦地与我们讨论着，丝毫没有困意。开会前大家还跟郭老师建议要不要延迟一下组会，郭老师拒绝了，说道："这周大家遇到的问题要尽早解决，不能因为我拖到下周。"

🟡 **团队组会交流**

2021年10月，是我进入团队的第二年，郭老师便让我做了"中国系统工程学会决策科学专业委员会第十一届学术年会——暨'决策科学与应急管理'学术论坛"会议的筹办负责人。当时十分感激郭老师对我的信任，但我没有筹办大型学术会议的经验，十分紧张，郭老师安慰我说："小辛，老师相信你的能力,你一定可以的,老师会在背后帮助你的。"实际情况也是如此,从前期的论文收集到会议结束,郭老师一直在细节处提点我,把控全局。

正因为郭老师这种"你尽管在天空飞,老师永远紧握手里的线,不会让你迷失方向"的"风筝式"教育,才使我们团队成员能够快速成长。

中国系统工程学会决策科学专业委员会第十一届学术年会团队成员合影

言传身教,魅力感染

郭老师不仅指导着我们做科研,也关心着我们的生活。

在提交第一份论文后,我满是欣喜,认为论文已经十分完美了。可当我收到郭老师的批注稿后,密密麻麻的红色注释犹如熊熊的火焰在我心头燃烧。这是我第一次发现自己不仅语言逻辑有问题,还是个极其不细心的人。大到论文结构,小到参考文献的一个标点符号,郭老师都给我细心地标注出来。这件事情使我后面对每个文件的格式错误都十分敏感。

郭老师是我们团队的"大家长"，他对每一个成员都十分关心，这也是我们团队成员和睦的重要原因之一。印象最深的是团队内杜天松师兄研二的时候得了重病，治疗费用高昂。郭老师发动了筹款，成功筹集 18 万元，并专门去郑州看望，鼓励他战胜病魔。经过几个月的治疗，杜天松师兄康复出院，后来他的毕业论文被评为校级优秀毕业论文，毕业后在顺丰科技担任算法研发工程师。

我是一个特别喜欢运动的女生，总是在减肥的道路上奋斗。郭老师从不限制我的爱好，在我排球比赛得奖后还会祝贺我；郭老师知道我一直在减肥，每次来未来城见到我的时候都会说一句："小辛，你是不是瘦了？"郭老师对我的教育是该学习的时候必须学习，该运动的时候要认真运动，要平衡好二者的关系，并且要分清主次。这也是我研究生生活过得十分快乐的原因之一。

❍ 郭老师团队聚餐合影

严于律己,以身作则

郭老师常说:"你们正值奋斗的年纪,现在不努力什么时候努力呢?"而他自己也异常努力。印象最深的是,郭老师凌晨一两点给我发来消息,那时我已经酣然入睡。第二天早上六点我醒来的时候回复郭老师,郭老师居然立即回复了我。

郭老师很喜欢跟我们分享他年轻时候的事情,通过他的事情激励我们,有些事情我已经听过好几遍了,但每次再听依旧觉得很受鼓舞。

郭老师说,他把第一篇论文交给导师的时候,被导师直接扔到了地上。郭老师虽然觉得十分委屈,但回去后立刻收拾好心情对文章进行了修改。郭老师不仅是在分享自己的经历,更是在告诉我们其实我们现在论文写得稚嫩是必经之路,只要坚持,努力去精进自己,认真地修改,最后一定是好的结果。

郭老师时刻提醒我们,要做到科学研究服务于实际,不可以"蒙着头"做研究,任何研究都要基于实际情况,解决实际问题。自我进团队以来,郭老师带着我们与湖北省疾病预防控制中心、湖北省应急管理厅、湖北省自然资源厅、中国地质调查局武汉地质调查中心、湖北省地质环境总站、山西省自然资源厅等多个部门进行了交流与合作,并且事无巨细,他都亲力亲为。2021 年5 月,郭老师让我负责了与山西省自然资源厅的交流合作,我从中学习到了很多与研究相关的实践知识,并且与多所高校的学生进行了交流,真正理解了"多实地调研,政策才能落地"的说法。

郭老师鼓励学生出国学习交流。团队内已经有多位师兄师姐赴美国、澳大利亚、日本等国家学习。郭老师也经常提点我,要努力精进自己,争取有机会也与国外老师进行交流,将国外与国内的学术思想相融合,做出最适合我国国情的科研成果。他还说我们所做的一切都是为了我们的国家更强大,为实现"美丽中国,宜居地球"贡献最大力量。

　　作为一名老党员,郭老师的爱国情怀时时刻刻感染着我们,也深刻地影响了我。于是,我在博士刚入学的第一年便转为了预备党员,如今已成为一名正式共产党员。

❂ 郭老师带领团队成员外出交流

刘晓
•2015级博士研究生
•赴美国匹兹堡大学联合培养

李治靖
•2016级博士研究生
•赴澳大利亚新南威尔士大学联合培养

杨钰莹
•2019级博士研究生
•赴美国纽约州立大学布法罗分校联合培养

潘雯雯
•2017级博士研究生
•赴美国匹兹堡大学联合培养

顾明赟
•2017级博士研究生
•赴美国纽约州立大学布法罗分校联合培养

左芝鲤
•2020级博士研究生
•赴日本京都大学联合培养

❂ 郭老师团队联合培养成员合集

遇见郭老师,我是幸运的。也许我不是郭老师最好的学生,但郭老师一定是我人生路上最好的导师。未来的科研道路还很长,但是有郭老师的指点,相信纵使荆棘密布,我也会披荆斩棘,勇往直前。

经师易遇,人师难遭。郭老师是我科研路上最重要的领路人和同行者。

作者简介

辛美仪,辽宁大连人,中国地质大学(武汉)经济管理学院管理科学与工程专业 2020 级直博生,中共党员。主要研究方向为自然资源生态安全评价。曾获校科技论文报告会三等奖。

18

春风化雨润桃李,立德树人育新才
——谢先军老师和学生的故事

导师简介

谢先军，男，湖北潜江人，教授，博士生导师，国家自然科学基金委"环境水文地质"创新研究群体骨干成员。曾先后在美国伊利诺伊大学厄巴纳－香槟分校和路易斯安那州立大学进行访学研究。主要研究领域包括地下水污染、高砷地下水成因、水岩作用机理、同位素水文地质学。长期致力于通过野外调查、监测与室内实验、模拟相结合的综合研究，揭示地下环境中原生污染物的迁移转化规律与修复机理，研发场地修复绿色高效新技术，为供水安全保障提供理论与技术支撑。承担国家自然科学基金 3 项、水体污染控制与治理科技重大专项 1 项及其他省部级课题 10 余项，作为骨干参与国家自然科学基金重点项目、国家高技术研究发展计划、国家自然科学基金创新研究群体项目各 1 项。以第一作者或通讯作者身份发表 SCI 论文 30 余篇。申请国家发明专利 7 项。

德高为范，博学为师

"与学生的相处要分阶段、分对象。对于低年级刚入学的新生，主要帮助他们完成角色转变来适应学校的生活和学习；对于高年级的学生，侧重于帮助他们建立研究生阶段的学习规划及未来的人生规划；而对于面临学业与就业双重压力的毕业生，则要及时帮助他们解决生活和学习上的困难，疏解心理压力。""平时要多读书、多实践，了解行业的发展趋势和热点，找对路子研究。"新生见面会上，谢老师的话，让我记忆犹新。

因为我本科学的是地表水，新生见面会后，谢老师特意喊我去办公室，了解我现在感兴趣的研究方向，仔细询问我阅读文献有没有难处，还向我介绍与地表水相关的课题，充分尊重我的意愿。也是这一次，我觉得虽然来到一个陌生的学校、面对一个陌生的导师，但是我在科研这条路上的摸索将并不孤独。

"科研最难得的就是坚持，在可控的范围内，要把误差降到最低。"谢老师讲到以前在国外学习的时候，为了避免仪器运行出现故障，彻夜守在测样仪器前的经历时动情地说。

谢老师善于在野外现场启发学生的思维。在大同盆地钻孔采集工作中，谢老师引导学生发现古河道与古河间附近的岩性存在明显差异，通过标志层研究古沉积演化，发散学生思维，使学生获取更多灵感和探索成果。在雄安新区唐河污水库地下水污染治理过程中，谢老师以"生态优先、绿色发展"为理念，带领学生搭建试验场、设计修复方案，建立了一套地下水污染防控技术体系，为白洋淀及雄安地区的地下水水质改善提供了相关依据，并且为地下水质量评估及治理措施提供了决策支持。

针对近年来海南省红树林湿地面临生境破坏、面积衰减、生态服务功能退化的困境,谢老师带领学生奋战在野外调查一线,激励学生从不同视角去观察问题,为红树林湿地系统的生态保护与修复提供地球系统科学解决方案,为保护祖国山水林田湖泊生命共同体奋斗不息。他始终奔走在实验与实践的一线,不忘初心,砥砺前行,用科研成果服务社会,将科研育人与祖国的建设发展紧紧地联系在一起,把论文写在祖国大地上,把科研成果应用于建设美丽中国的生态环保事业中。

谢老师团队参加第七届环境砷国际学术大会合影

开拓创新,教学相长

在学术科研方面,谢老师始终秉持着"创新求实、严谨自律"的工作态度。对于科研,他始终追求"质"的发展,而不是单纯"量"的增加。谢老师在学生的培养教育体系中,一方面通过协助学生选择一个合适的研究主题,引导学生了解国内外研究进展、趋势及热点问题,同时也让学生了解国家对应用型人才的需求和标准;另一方面做到加强过程管理,即培养学生的3种能力:科研社会能力、动手操作(室内实验工作、室外野外实践)能力和团队协作能力。

只要学生遇到学习或生活上的问题,总能在办公室找到谢老师进行交流讨论。谢老师坚持授人以渔,因材施教。他常说,研究生管理要落实到日常,加强过程管理最重要,要鼓励学生多方式多角度研究问题。每当学生研究遇到阻碍时,谢老师总是能一针见血地指出问题,用实例帮助学生打开思路。即使在新型冠状病毒肺炎疫情期间,谢老师仍然保持与每位学生在线上单独交流,包括远在海外求学的师兄师姐,帮助大家解决科研困惑和生活难题。

当谢老师读到比较精彩的文章,会马上分享到学生群里,与学生们讨论文章的亮点,展示他自己阅读文献的方法,现身说法,让学生在潜移默化中养成阅

🌑 谢老师与团队讨论场景

读文献的好习惯,逐渐培养独立思考的能力。在两周一次的组会上,大家定期汇报分享,互相讨论,互相借鉴,发散思维,不断创新。谢老师用开阔的视野帮助大家提升科研能力,迎接更广阔的舞台,也通过这种方法让一个人的积累升华为全组同学的知识。

除了督促学生的日常文献阅读和方案实施，谢老师极为重视培养学生的野外工作能力，谢老师常说："作为一名地质人，我们不仅要会分析数据，更要在取样过程中保护样本原始的样子，将误差减小再减小，我们是做'水'的工作的，这是不能马虎和出错的。只有尽量保持地下水原有的环境，把最真实的问题反映出来，我们才能说我们的工作是有价值的。"

　　还记得在海南省东寨港进行红树林湿地水土环境调查时，烈日炎炎，水面上毫无遮蔽，太阳晒下来皮肤像针扎一样，当时许多同学出现了身体不适的状况，可是即使在最热的那几天，谢老师也坚持陪着学生坐船到采样现场，满头大汗仍然坚持原位测试现场指导。在野外实践中发生了许多令人感动的事情：当研究场地出现状况时，能得到谢老师及时的鼓励；当团队中有人因身体不适提前返回住处时，谢老师第一时间去寝室关心其身体状态……这些日常小事不断地激励我们攻坚克难，超越自我。

　　谢老师用自己的行动告诉我们做科研就是要不怕困难、不畏艰险。榜样的力量从来就不是一句口号，而是真正深入到日常相处的影响；严谨治学从来都不是外界的要求，而是内心对事实的呼唤。

　　🔵 谢老师指导学生野外调研

寓情于教，以情育人

在教学工作中，谢老师积极投身"三全育人"综合改革试点工作，主讲"地下水污染与防治"和"环境同位素原理与技术"两门课程。他注重带领学生了解学科的发展趋势和行业热点，从国家需求和社会环境出发，对每一章节的课程讲义都经过数次修改完善。谢老师给学生上课总是由浅入深，从基础知识到具体案例，从国内外发展现状到谢老师团队最新成果研究进展，循循善诱，为学生研究地下水污染与防治相关知识及后续工作打下了坚实基础。同时谢老师多次担任秭归野外教学实习的教师，他将实验室带到野外，以山为"黑板"，以水为"讲台"，在野外实践中将专业知识变得生动立体。

◎ 谢老师与毕业学生合影

教育爱无痕，润物细无声。无论是对低年级学生生活和学习状态的关心，还是对高年级学生研究方案的实施和学习规划的纠正，抑或是对毕业同学就业问题上的点拨,谢老师不会落下任何一名学生。从送走一批成熟优秀的学生,到培养一批初入科研"萌新",谢老师总是耐心细致地给予全部帮助;从课堂教学到野外实践,谢老师用自己的经历告诉我们,没有筚路蓝缕和披荆斩棘的"流血",就不会有在激流和波浪中的"涅□重生"。

愿我们都能长成一棵大树,既能把根扎进地里,也能把绿色的枝叶伸进苍穹。桃李不言,下自成蹊,谢老师用自己的付出和心血培养着一批又一批学子,用行动去坚守着自己教书育人的初心和使命。

作者简介

胡甜,女,湖北黄冈人,环境学院土木水利专业 2020 级硕士研究生。主要研究方向为红树林湿地重金属迁移转化。

19

上善若水，从容如文
——文章老师与学生的故事

导师简介

文章，男，湖北公安人，教授，博士生导师。主讲专业主干课程"地下水动力学"，作为主要成员完成了本课程的省级精品课程和 MOOC 课程建设，主要研究方向为井流动力学及溶质运移。近年来，主持国家自然科学基金项目 4 项，作为骨干成员参与国家自然科学基金重点项目

2 项、国家自然科学基金创新研究群体项目 1 项，获国家优秀青年基金资助和湖北省杰出青年基金资助。发表学术论文 40 余篇。博士学位论文获得全国优秀博士学位论文提名奖，曾获教育部高等学校优秀科研成果自然科学二等奖（排名第五）。现担任国际知名期刊 *Journal of Hydrology* 和 *Hydrogeology Journal* 的副主编，以及 *Journal of Earth Science* 和《地球科学》《地质科技情报》期刊编委。

时光太瘦，指间太宽，转眼间我在地大已经近六年，回想起自己这些年里每一次的进步，其中无不凝聚着文章教授的悉心教诲。

文华楼内初相识

至今依然能够很清晰地记得第一次见文老师的情形。在顺利通过研究生初试后，周五晚上将近十一点，我通过邮件联系了文老师，本想着最早也得等到第二天才能收到回信，但文老师立马就回复了我，同时约我第二天中午在文华楼见面。次日，我特意比约好的时间提前五分钟到达，但没曾想文老师已在办公室等候多时。

"恭喜你，取得了不错的初试成绩，好好准备复试吧。"文老师面带微笑，亲切地对我说。文老师边翻看我本科的成绩单，边询问我关于研究生阶段的规划，记得那一刻，我的脑海一片空白，一句也答不上来。我从未想过这个问题，因为最初我只是想拿到研究生文凭后能在日后的工作岗位上走得更远些。

文老师见我沉默良久，顿了顿，语重心长地望着我说："人的一生看似很长，其实当你回头看时，会发现关键的选择也就那几个。想做什么远比你现在做了什么更为重要。"当听我提及数学功底较为薄弱可能会影响研究生阶段的学习时，文老师突然面

🪶 文老师为本科生讲解地质构造

色凝重地对我说:"如果你样样优秀,还要你继续努力做什么!"时至今日,这几句话依旧在我耳旁回荡,始终激励着我努力向前,科研之路虽崎岖坎坷,但我从未想过放弃。

面谈回来后,我辗转反侧思考了一个晚上,暗自下定决心要在科研的这条路上坚定地走下去。文老师在得知我的真实想法后,对我的决定很是支持,鼓励并帮助我申请硕博连读。再后来,我便顺利进入文老师课题组,开启了艰辛的科研之路。

南望山下育桃李

对学生的指导与培养,文老师始终坚持着"言传"与"身教"并重的理念。记得还在南望山校区的时候,文老师对我们的出勤从未作强制要求,但他每天却总是第一个到达办公室,以自身行动为我们树立良好的榜样。

文老师常说,只要你肯在学习上付出足够的时间,我就不相信你出不了好的成果。还记得撰写第一篇小论文时,我由于英文功底薄弱,写出来的论文简直"惨不忍睹"。文老师手把手教我英文论文写作的框架、专业表述与语法,前前后后总共修改了不下 10 遍,而且前 5 遍返修回来每次都是通篇的标红。后来投稿过程也不太顺利,陆陆续续被相关期刊拒稿了 4 次。那段时间我心情极其低落,曾一度怀疑自己是否适合做科研,但文老师从旁不停地鼓励我,告诉我只要不是重复别人工作且具有一定新意的论文,总有发表的那一天。后来论文终于被国际主流期刊认可接收,文老师笑着祝贺:"你看我早说过吧,虽说'怀胎十月',但你这篇论文也总算是'顺产'了。"顺利发表背后的艰辛,恐怕只有文老师和我清楚。

后来我有幸担任助教工作,但刚开始接手时工作并不顺利,我发现自己明白与给学生讲明白简直是两码事。文老师在了解我的处境后,给我讲了他初为人师时候的故事，说他当年为了能把自己的理解完完整整地给学生讲清楚，仅讲义前前后后就被他换过 3 次，每个公式的推导不下 10 遍。后来我终于明白，想要将一个知识点给学生讲清楚本就不是件容易的事，需要下足够多的功夫才能做到，台上看似侃侃而谈的背后，实际上是无数个日日夜夜备课的积累。

◐ 文老师在野外考察调研

未来城中写春秋

除了学习工作外，文老师对我们的日常生活也极为关心，经常鼓励我们去参加体育运动，时不时约我们一起打羽毛球，经常还会提醒我们要锻炼身体、保持良好的心态，学习和工作的同时更要学会生活。

◐ 文老师与组内学生一起打羽毛球

记得有一年春暖花开，文老师邀请我们一起去他家做客，然后带着我们一起去买菜，让我们施展厨艺。当时我尝试做了一份可乐鸡翅，由于是第一次做，手

上善若水，从容如文

文老师和组内学生在家中聚餐

忙脚乱地错放了不少胡椒面进去。文老师在尝到我的黑暗料理时，一口呛得不行，一瞬间大家的目光同时聚向了我，我面红耳赤，像个做错事的孩子一时间不知该如何是好。文老师忍着呛出的泪水立马说："鸡翅口感不错，看来火候到了，咳咳……下次就记得不要加胡椒面了。咳……"大家哄堂大笑，气氛顿时又活跃起来了。文老师总是这样，有什么难题他总是第一个想到帮我们去解决，尽最大可能为我们提供一个良好的成长与学习环境。

时间匆匆，记得三年前我们刚从南望山脚下搬到未来城校区的时候，由于办公室刚装修，桌椅门窗都是新的，空气质量不好。文老师第一时间组织我们给办公室买来许多绿萝，大家一起布置完后，整个工作室顿时"郁郁葱葱"。那段时间，文老师隔三岔五地会关心我们在未来城这边吃住是否习惯，有没有什么生活和学习上的问题。尽管路途遥远，但文老师基本上每天都会从南望山校区开车到未来城校区办公，方便我们找到他。每次当组里有论文被接收，文老师总是第一时间将录用消息发在课题组群里，而这个时候也往往是组里最喜庆热闹的时候，大家争相庆祝，共同进步。

◖ 文老师和王校长参加节水启动仪式

得遇文老师是我的幸运,能够成为他的学生是我的福气。以后不管在哪里,我心中都会怀念并感激,在欢笑伴着泪水的科研生涯中很幸运能有文老师的陪伴和指导。文老师教给我的不仅仅是他的学术思想,还有他待

◖ 文老师与 2020 届毕业生合影

人接物的处世原则、豁达的品性、乐观的人生态度和一贯的从容淡泊。

作者简介

　　谢爽，男，湖北天门人，环境学院水文地质学专业 2016 级硕博连读生。主要研究方向为地下水污染与防治。以第一作者发表 SCI 论文 2 篇，其中 1 篇发表在国际著名期刊 *Journal of Hydrology* 上。曾先后获得中国地质大学（武汉）水科学之星奖学金、82 级水文创新奖学金。

20

天道酬勤，不负青春年华
——夏帆老师与学生的故事

导师简介

夏帆，男，湖南株洲人，教授，博士生导师。主要从事仿生超润湿材料、生物传感器、生物分子响应性纳米孔道等研究，取得了多项创新成果。迄今为止，发表SCI 论文 150 余篇，总被引超过 10 000 次。主持国家重点研发计划"纳米前沿"重点专项(2021)、国家自然科学基金重大项目(2020)，获国务院政府特殊津贴(2018)、国家杰出青年科学基金(2015)等。

南望山下初相遇，一遇夏老师定"终身"！始于颜值，然后忠于才华，最后陷于人品，这就是我对我的导师——夏帆教授的感觉。

◉ 夏帆老师给材料与化学学院 2020 级新生上思政课

仲夏相遇，初冬进组

记得刚接触科研的时候，我准备做一些关于响应型超润湿的实验，有人推荐我看看夏帆老师在博士期间发表的文章，说夏老师在 *Advanced Materials* 的几篇文章就代表了这个领域的发展。后来我又听了很多有关夏老师的本科、博士期间的事迹，当时觉得如果能够认识这样的老师真是太幸运了。在研二的暑假，我有了读博士的想法，鼓起勇气给夏老师发了封邮件，没想到夏老师很快就回复我了。在电话联系后我也顺利地来到夏老师课题组学习。至今仍然觉得，来夏老师课题组读博士是一件很幸运的事情。

2016 年 9 月底，我第一次和夏老师正式见面，在前往的路上我心里一直很忐忑，甚至有些紧张，感觉有好多话要说但又感觉不知道要说什么。当我走进夏老师办公室时，夏老师面带笑容欢迎我，给我倒了一杯水，顿时我之前的复杂想法变得很简单。夏老师与我进行了一场轻松愉悦的谈话，当聊到

🔵 夏帆老师课题组与美国医学与生物工程院院士 Ratneshwar Lal 教授学术交流

科研时，我有一种"万箭穿心"的感觉，任何一个科研点，夏老师都可以从各个角度提出问题，那时候的我确实接不住"招"。虽然过程很懵，但是我内心觉得这应该是我博士阶段需要提高的地方——能接住导师发过来的"招"。

2016 年 12 月 1 日，我来到了夏老师课题组做实验，从此成为了课题组的一员。后来我一度对读博士犹豫不决，是夏老师给了我鼓励和信心。我也坚定地告诉自己，无论如何，一定要坚持下去。

聆听师训，如沐春风

夏老师的办公室挂着一幅"天道酬勤"的字画，他时常告诫我们，趁年轻，多抓紧时间做最有意义的事情。虽说夏老师平时在学校、学院、课题组有诸多的事务，但他依然会挤出时间看文献，平均每周批注 3 篇以上的文献，并且做好笔记分享在课题组群里。记得 2019 年下半年，我们学院刚搬到未来城校区的时候，几乎每周都有一天，我要给夏老师带一份早餐，因为他前一天晚上又在办公室通宵办公。尽管如此，见到夏老师时，他依然是神采奕奕、谈笑风生。夏老师每周的工作时间都超过了 100 小时，但他常常说："感觉自己的时间不够用。"

博士期间，当我第一次写完 SCI 论文时，兴冲冲地把自认为写得很好的文章发给夏老师，当时觉得应该会得到表扬，没想到是一顿"教育"。但是"教育"过后，夏老师依然耐心帮我修改文章，最后这篇文章修改了近 50 稿，其中文章中的每张主图平均修改了 100 余次。在修改过程中，我觉得夏老师比我还有耐心。最后文章投稿时，拿出来和第一稿对比，感觉这分明是两篇文章。正是这次的文章修改，让我真正地明白了科研是一段漫长的求索过程，而不是一蹴而就的。

记得博士一年级的时候，我突发奇想地想举办一个博士生论坛，就和夏老师说了。没想到夏老师非常支持我，还给了我足够的活动经费和人力来支持与配合这个工作。终于在 2018 年 11 月底以中国地质大学（武汉）材料与化学学院为主办单位，成功举办了"武汉高校化学与材料研究生创新学术论坛"，邀请到了六大高校的 50 余名博士生前来参加。

夏帆老师主持学术会议

夏老师对待工作的一丝不苟、对待旁人的亲切友善、面对学生的耐心引导和鼓励支持，让我有了人生的榜样，也让我明白如何做人做事。与夏老师每次的交流沟通，我也潜移默化地学到了很多宝贵的东西。当我做事毛毛躁躁时，他能让我感觉到我需要静下来；当我像个蛮牛一样往前冲时，他能让我感觉到我需要慢下来；当我在求知中不求甚解时，他能让我感觉到我需要精进些。"静""慢""精"，是科研，也是生活，亦是人生。

秋风送别，谆谆教诲

在博士的最后一年，夏老师帮我规划了后面的研究课题和发展方向，建议我即使工作后也要亲自动手做实验，保持实验的"感觉"，并且要多和课题组保持联系，有任何疑难困惑可以直接询问他或者课题组其他老师。临近毕业的时候，夏老师和我有一个简短的聊天，他让我在以后的工作学习中，要铭记"多与人交流学习""在与人合作时，须以友方利益为先""不做温水煮的青蛙""人无远虑，必有近忧"……这一切犹如家长对远行前孩儿的千叮万嘱。

半年过去，我慢慢进入到夏老师帮我规划的角色中，做着夏老师给我提前安排好的事情，有条不紊地前行。同时，毕业后我遇到很多人、很多事，每每有难题，回想起夏老师曾经的教导，我十分庆幸有足够的思想和行动准备可以应付这些。4 年的博士生涯，一路走来，虽有诸多荆棘，但终究——走过。夏老师给予一个莽撞无知小伙足够的成长时间与空间，让现在的我学会了平静与微笑、勤奋与坚持，去更好地迎接未来的挑战。

天道酬勤，不负青春年华！这是夏老师常常对我们说的话。无论是夏老师的言传身教，还是他的悉心教诲，都让我受益匪浅。能够成为夏老师的学生，对我来说是一件很光荣的事情。谢谢夏老师！

四年学艺路，今朝闯天涯。学海无穷尽，师诲绕耳庭。

作者简介

朱海，男，湖北黄冈人。材料与化学学院资源与环境专业 2017 级博士生，在校期间获得中国地质大学（武汉）优秀博士学位论文创新基金资助，获得博士研究生一等学业奖学金、校级优秀学生等荣誉。主要研究界面材料在环境化学中的应用，以第一作者身份发表 SCI 论文 10 余篇。2021 年 7 月博士毕业，现于香港大学从事博士后研究工作。

21

言传身教，熠熠"发光"
——李国岗老师与学生的故事

导师简介

李国岗，男，河北衡
水人，教授，博士生导师，
中国地质大学(武汉)材料
与化学学院副院长，浙江
省杰出青年科学基金获
得者。2010 年和 2012 年
分别到日本物质材料研
究机构(NIMS)和台湾大
学进行交流访问和博士后研究工作。主持国家自然科学基金面上项目、国家
自然科学基金青年科学基金等科研项目 10 余项。曾获吉林省科学技术奖一
等奖、"稀土之光"青年科技一等奖。现担任中国稀土学会发光专业委员会及
稀土晶体专业委员会委员，《发光学报》青年编委。主要研究方向为稀土、过
渡金属及铋掺杂无机发光材料和钙钛矿量子点发光材料的应用基础研究，
并拓展它们在 LED 照明和显示、激光照明、宽色域高清显示、光学测温和防
伪等领域的应用。

李老师作为课题组的"大家长"，是我们的引路人和领航灯。"严谨、认真、勤奋、踏实"是李老师在每位研究生入学第一堂课上提出的要求。

桃李不言，下自成蹊

十分有幸，我在本科阶段就加入了李老师的课题组。那个时候对怎么看文献，什么是科研软件一窍不通。李老师发现我的困惑后，在一个周六上午，详细地帮我在电脑上一个又一个地安装需要的科研软件，并且十分细心地为我演示软件的主要操作方法和用途。不知不觉，一上午的时间就在接受新知识中飞快流逝了。吃过午饭后，没有午休，李老师继续为我讲解剩下的知识。因为有了这次经历，我真正开始了解什么是科研，应该以怎样的态度来对待科研。

李老师会根据组内学生的规划来合理安排每个人的课题并帮助大家。李老师碰到合适的就业机会时，会十分详细地了解企业的背景、工作方向、环境、待遇等。然后主动将即将毕业的学生推荐给企业，积极为学生争取

⚫ 李老师与团队成员合影

更多的面试机会。去年暑假，李老师走访参观校友企业时，推荐研三的一位学生作为代表一起参观企业，深入感受企业文化，这也对这位同学之后找工

作起到了启发作用。

以身作则，言传身教

　　李老师总是以自身的行动激励着我们。几乎每天，李老师都是第一个到办公室、最后一个离开办公室的人。李老师广泛关注行业内的科研动态，并分享到课题组的群里，给我们提供思路。李老师经常说，要有开拓性的思维。所以只要与专业相关的会议，李老师都会大力支持组内研究生参加，并鼓励我们要多看多听，深入了解专业发展动态。李老师坚持每周组会汇报制度，及时跟我们讨论实验进展及实验方案优化，帮助我们推进工作。

　　在组会上，李老师经常跟我们强调，踏踏实实看文献是十分重要的，看文献的时候不仅要学习别人做了什么，更要从文献中积累专业知识，并及时记录下来，做好文献分类整理，为自己的工作做好准备。并且，他还要求我们多关注交叉学科的顶刊研究成果，为自己的研究工作增加新的思路。李老师经常说，学生阶段的这几年是我们一生中积累知识的黄金时期，当下我们应该全身心地用在科研学习中，为之后的工作打下坚实的基础。虽然在科研上李老师对我们十分严格，但是在生活上李老师对我们十分关心。

　　记得 2020 年，刚进入博士阶段的我，在科研及生活上都感受到了极大的压力，这导致自己一大段时

作者魏忆代研究生院给李老师送
2020 年研究生国家奖学金获得者导师贺信

间里陷入十分低落的情绪中。在周六的例行组会汇报结束后,我正为自己没有顺利开展的工作发愁时,电脑微信对话框弹出李老师的信息:"魏忆,半个小时后来我办公室一下。"当时我的心情犹如进入了冰窖中,担心自己最近进展缓慢的科研工作被李老师"盯上了"。当我忐忑地打开李老师办公室的门时,他投来十分关切的眼神,对我说:"你今天汇报时候状态不好,最近怎么了,是压力太大了吗?"顿时,我所累积的压力和焦虑涌上心头。即使已经辛苦工作了一天,李老师还是耐心地听完了我的倾诉,并不断地鼓励和疏导我,及时地为我制订后续的科研工作计划。经过这次沟通,我的压力得到了有效疏解,科研工作也得到了进一步的推进。2020年年底,我幸运地获得了博士生国家奖学金。现在,我已经逐渐习惯了博士的生活状态,即使偶尔会感到彷徨及较大的压力,但是已学会及时自我疏导并变压力为动力。

无私奉献,敢于担当

除了科研上对我们的引领,李老师为人正直,敢于担当,是我们的榜样。2020年的新型冠状病毒肺炎疫情期间,当我们居家学习时,看到学校及学院推送的新闻,才知道李老师已经连续三期主动在疫情前线担任志愿者。他负责为居民配送生活物资,清理生活垃圾,代取防护物资和快递等,帮助患有慢性病的老人代取医院药品,帮助住户充值水、电、天然气等,保障疫情封控期间居民的基本生活。

而这段时间,每周六晚上,组内研究生都通过线上组会跟李老师汇报学习与工作进展。每周日晚上,李老师通过线上会议的方式跟本科毕业生交流,要求他们针对本科毕业设计每周沟通讨论三次,激发本科毕业生的主动性,让他们尽快完成文献调研、明确实验思路、确定实验方案,以及完成样品测试表征描述、数据总结分析等科研必备环节,培养他们严谨求真的科学精神,进而更好地完成本科毕业设计。在这些交流过程中,除了叮嘱我们多注意防护外,李老师从没有提起过他做志愿者的事情,也从没有提起过当时武汉的生活有多么艰难。在我们关心李老师时,李老师只是简单地说,一切都好。那一刻,我深深地被感动了。

 李老师送别 2020 届毕业研究生

作者简介

魏忆,女,四川宜宾人,材料科学与工程专业 2017 级硕博连读研究生。主要研究方向为稀土及铋掺杂的无机固体发光材料的发光性能研究及机理探讨。2018 年获硕士研究生国家奖学金,2020 年获博士研究生国家奖学金。

22

亦师亦友,逐梦蓝天
——孔少飞老师与学生的故事

导师简介

孔少飞，男，河南济源人，教授，博士生导师。围绕大气污染源排放监测设备自主研发、源成分谱和排放因子测试、源解析方法与排放清单优化等开展全链条研究。现任中国地质大学（武汉）环境学院党委委员，湖北省大气复合污染研究中心主任。担任中国颗粒学会气溶胶专业委员会委员、湖北省气象学会副理事长、湖北省环境科学学会大气环境专业委员会主任委员等。主持国家重点研发计划项目课题、国家自然科学基金重点项目子课题、国家自然科学基金面上项目、国家自然科学基金青年科学基金项目等多项。发表论文 173 篇，参编专著 2 部，获得国家专利授权 10 项（转化 4 项）。获得谢义炳青年气象科技奖、中国气溶胶青年科学家奖，被评为校十大杰出青年、优秀共产党员、优秀班主任、优秀学士 / 硕士 / 博士论文指导教师、最受学生欢迎老师、三全育人标兵等，入选 2020 年和 2021 年全球前 2%顶尖科学家年度影响力榜单，获得爱思唯尔（Elsevier）"中国金色开放获取高下载论文学者"奖项，获得第七届世界军人运动会空气质量保障纪念证书和团队感谢信，近 5 年指导 9 人次学生获得国家奖学金。

以身作则，冲在科研第一线

科研工作中，孔老师会和我们一起做实验、检查仪器、核对数据、去外场调研。2019 年 7—9 月，我们课题组和浙江大学团队合作进行烟雾箱实验，孔老师从前期就和我们一起进行实验设计，小到一个螺丝的设计他都会亲自把关。实验开始时，为了保证实验顺利进行，孔老师和我们一起守在实验室。到了饭点，就和我们一起坐在实验室外的台阶上吃饭，我们还开玩笑说"和孔老师一起蹲着吃饭真香"。有一天，实验正在进行中，突然下起了暴雨，孔老师二话不说，跑着和我们一起"抢救"外面的仪器。

2019 年 10 月武汉举行第七届世界军人运动会期间，孔老师和我们一起在一线监测，同监管部门排查污染源，前后一个多月连轴转，他嘴角一直长有水泡，可他只记得我们很辛苦，一边鼓励我们，一边自掏腰包为我们买牛奶、水果、燕麦片等。他说："大家辛苦了，营养一定要跟上，各种吃的、喝的不能断。"

无论是平时还是节假日都能在办公室看到孔老师的身影，他离开办公室的时间通常比我们还要晚。他一直强调"天道酬勤"并且以身作则，我们不知有多少位学生在清晨收到孔老师半夜发来的文章修改意见。孔老师还经常给我们一对一当面指导，一步一

孔老师与学生坐在台阶上吃午饭

步地教我们如何写论文。承诺一周内返回论文修改意见,他从未食言。

孔老师办公室内标语

制度约束,宽严并济

在学习工作中,孔老师严谨认真,对我们严格要求。论文写作中的细节问题,小到标点符号、参考文献格式和图片配色等,孔老师都会对我们严格要求。在科研汇报中,小到个人口头禅,大到科学问题表述等,孔老师同样是严谨细致的。有些同学会将打游戏、看视频的习惯带到学习工作中。对此,孔老师态度非常明确:禁止在办公室打游戏、看视频,办公室是学习的地方,不是休闲娱乐的地方。渐渐地,这些同学自觉远离游戏,组内学习氛围非常浓厚,学霸层出。孔老师3年内培养7人次获得研究生国家奖学金,培养的硕士生连续3年论文被评为校级优秀硕士学位论文。

心系学生,亦师亦友

除了专业学术上的指导,孔老师对我们的日常生活也非常关心。每次降温前都会提醒我们注意防寒保暖,还会提醒我们多运动,保持好的身体和心态,有什么问题可以随时找他讨论。2020 年的新型冠状病毒肺炎疫情期间,一位同门被困在武汉,孔老师得知后第一时间联系了他,了解了具体情况后,孔老师说:"要是快递还开着就好了,给你寄一些吃的和用的。"从简短的话语可以感受到孔老师的无奈、牵挂和担忧。之后他们又通过电话聊了许久,没有过多的客套,更多的是实在的开导和安慰。

那段日子,除了课题组每天的健康打卡外,孔老师还会单独问候这位同门的情况,这让他觉得并不孤单。九月份返校后,他在学校再遇孔老师的时候,想说些什么,话到嘴边又咽了下去,给孔老师鞠了一躬,孔老师腼腆地打了招呼后匆匆消失在走廊尽头。这就是孔老师,一个心系学生,但又不显于色的人。

在日常生活中,孔老师也会教我们如何为人处世,如何做一个有责任心、有担当的人。一次学术会议上,一位同门与专家交流忘记用敬称,会议结束后,孔老师细心地提醒他:"以后同长辈、专家讲话要注意用敬称,这是一种礼貌。"在孔老师的影响下,我们不仅提高了科学素养,综合素质也得到了提高。对于毕业生,无论是继续深造还是找工作,孔老师都会尽全力为我们推荐,帮助我们找到满意的去处,并且鼓励我们说:"无论去到哪里,都希望你们在自己的工作岗位上继续发光发热,实现自己的人生价值。"

❖ 孔老师与学生一起参加学术会议

创造条件，让学生大胆探索

在科研工作中，孔老师会尽一切可能为我们创造条件、提供平台，让我们大胆探索，以锻炼自己、突破自己。一次燃烧实验中，一位学生提出了自己的想法后，孔老师亲自联系同行专家借来价值几百万的设备供我们使用，努力搭建更好的平台让我们解决科学问题。平时，只要有与研究相关的报告或者会议，孔老师都会提醒相应的学生去学习交流，并鼓励我们去做学术报告，锻炼提升自己。

孔老师用行动和结果诠释了"天道酬勤"这 4 个字的深刻含义，这也时刻激励着我们在求学道路上潜心修炼，上下求索。

◉ 孔老师带学生实习留影

大家眼中孔老师

2017 级博士生郑煌

总是凌晨两三点收到孔老师关于科学问题的思考和想法，我眼中的孔老师是善于思考，热爱科学的。孔老师对于科学问题的思考具有"化腐朽为神奇"的效果,他能够精准地发现学生文章潜在的科学价值,将一篇普普通通的文章升华。在艰苦的外场观测实验中,无论工作多忙,孔老师都会抽出时间前往观测场地。无论隆冬还是酷夏,孔老师都会在观测场地和学生一起坚守,给学生带来精神和物质上的支持,我眼中的孔老师能与学生同甘共苦;当学生的工作完成得不好时,孔老师虽然会不留情面地当场批评,但是事后也会冷静下来,反思自己的冲动,我心中的孔老师是"刀子嘴豆腐心",是关心学生的;每次出差回到武汉,孔老师来不及休息就开始处理手头事务,我眼中的孔老师是个连轴转的"铁人"。生活和科研中的孔老师,亦师亦友,他用自己的实际行动为我们树立了行动标杆。

2018 级硕士生牛真真

在学术上,孔老师严谨、严肃、严格。他会逐字逐句批改我们的论文,仿佛一台"智能监测仪",一眼扫过去就能指出来哪里有问题。在生活中,孔老师像一位慈父,他会经常询问大家的身心状况,还经常说有什么问题都要及时和他沟通。我和师妹两个女生在荆门做实验时,孔老师会经常打电话询问情况并且提醒我们要注意安全。孔老师精深的学术造诣、严谨的治学之道和细心的为人风格是我学习的榜样,我会带着孔老师的教诲继续前行。

2020 级博士生胡尧

孔老师对学生的关心无微不至。在新型冠状病毒肺炎疫情期间,课题组都居家进行学习和科研,由于我们学习热情不够,积极性不高,孔老师对我们进行了一次批评教育,不仅严肃地指出了我们在科研学习过程中做事拖沓、自觉性低等问题,更是严厉地批评了我们得过且过、办事不精益求精的懒散作风。但让我印象最深刻的不是孔老师严谨的治学态度和严格的要求,而是开完会之后对我个人的关心和疏导。曾经发生的一件小事也让我难以忘怀,由于从来没有独立设计过观测实验,突然接到任务的我毫无头绪,不知道如何入手，坐在办公室手足无措。当时已经近晚上十一点了，本来要下班回家的孔老师看到迷茫的我，又坐了下来细心地给我讲解实验的目的、实验可能存在的问题和实验手段，甚至帮助我拟定了实验的观测点位。更让我想不到的是，第二天中午十二点左右孔老师还给我发来了与实验相关的参考文献，督促我好好阅读。孔老师对学术和真理孜孜不倦的追求与探索，时刻激励着我，让我在科研的道路上越挫越勇。能够成为孔老师的学生我万分荣幸，希望以后的我也能像孔老师一样，为他人"传道、授业、解惑"，播撒学术的种子。

作者简介

　　张颖，女，河南新乡人，2018 级硕士研究生。硕士期间，从事民用燃料燃烧挥发性有机物实时排放及清单研究，以第一作者身份发表了论文 2 篇，硕士学位论文被评为校级优秀硕士学位论文。2019 年被学校评为"优秀研究生干部"，曾获 2020 年硕士研究生国家奖学金。

23

"七仙女"访谈录
——王伦澈老师与学生的故事

导师简介

  王伦澈,男,安徽太湖人,教授,博士生导师,地理与信息工程学院副院长,国家级青年人才计划入选者,教育部地理科学类专业教学指导委员会委员。从事区域地表信息监测与生态环境遥感等综合地理学研究。近5年主持国家自然科学基金项目3项。在 *Remote sensing of Environment*、*Journal of Catlaysis*、*Geophysical Research Letters* 等国际期刊以第一或通讯作者身份发表SCI论文120余篇,ESI高被引或热点论文8篇,被SCI论文引用近3000次。曾获中国测绘学会测绘科技进步奖二等奖。2017—2020年期间指导的研究生中有12人次获得国家奖学金。

  2018年夏天,课题组新入学7个姑娘[杨柳(作者本人)、江伟霞、陈鑫鑫、吴晓俊、张蔚、方露露、杨雪芳],被亲切地称为"七仙女"。"七仙女"来自祖国的大江南北，因为共同的爱好聚在了地大，师从王伦澈教授。在王老师的指导和关心下，她们就像亲姐妹一样，喜欢和爱护着彼此，她们天真可爱又勤奋踏实，热爱生活又潜心科研。3年时光匆匆而逝，"七仙女"与王老师的师生情谊却历历在目。

初识王老师，意气风发、随和温柔

我是本科毕业工作两年后，选择重新回到校园读研的。2018年夏天，同学们都已经提早到校进入科研状态，我还在与原单位"纠缠不清"。我既不能提前到校熟悉环境，又存在知识遗忘和"断层"，因而每天惴惴不安。王老师不但没有苛责，反而给予理解和安慰，让我处理好工作任务，按自己的节奏推进前期的准备工作。入学后，王老师给我提供了大量的专业文献，帮助我规划未来的研究方向，使得我在入门阶段就端正了科研态度，确定了研究目标，避免了很多弯路。

课题组的江伟霞在大三的时候，面临着生产实习和毕业论文的问题。她找到了王老师并向王老师提出了请他做自己本科实习指导老师的申请，王老师并没有立马答应，而是让她在一周内完成一个小实验。在师兄师姐们的帮助下，她第一次完整地体验了从实验设计、下载实验数据、学习实验方法到最终基本完成实验的流程，对科研有了初步的认知。最终在王老师的指导下，她顺利完成本科毕业论文。好几次王老师在给师兄师姐们修改论文的时候，将一些常见的语句、语法等错误作为反例发到群里分析和批注，提醒大家下次要注意。她当时就想，有这样的老师指导科研真幸福，也更加坚定了要继续跟着王老师深造的决心，最终顺利保研并选择了硕博连读。

陈鑫鑫是在大四下学期见到王老师的，她来学校提交硕博连读的申请材料。她曾提到："见王老师之前是有些害怕的，但见到王老师之后发现他非常平易近人，主动和我聊天，还耐心给我指导本科毕业论文。"和老师聊起对未来科研的规划时，她有些不确定，王老师就鼓励她说："在科研面前每个人的天赋都差不多，那些花了很多时间的人一般都做得很好。"虽然这是很平常的道理，但给予了她莫大的鼓舞。

吴晓俊本科来自贵州师范大学，保研到了我校地球科学学院，准备读王老师的硕士。她说："与王老师的初次交流，还得从我大四下学期说起，那时候王老师刚好来贵州师范大学出差，想到要和我的硕士导师提前见面，我的内心十分忐忑。"王老师亲切的一声"你是吴晓俊吧"，她所有的不安与无措都被他的亲和态度驱散。

"七仙女"入学
（从左到右依次为陈鑫鑫、吴晓俊、张蔚、方露露、江伟霞、杨雪芳、杨柳）

"考研选择导师的时候，我对着学校的教师主页纠结了很久，"张蔚回忆，"在 QQ 上咨询地大的师兄，他说王伦澈老师相对严格，秉着'严师出高徒'的想法，我最终选择了王老师。"当时的她对自己的本科学校不自信，担心王老师会拒绝。但经过几次交流，王老师的那句"这有什么，本科学校不能代表什么，我相信只要肯努力，很多学生都是有潜力的"，给了她莫大的支持和鼓励。最终她在初试排名相对靠后的情况下，复试时逆袭成为第一名。她说："我想这就是好导师的意义吧，在入学前就给了我迈向这所大学的力量。"

再识王老师，认真仔细、注重细节

科研的过程绝不是一帆风顺的，但是在这个充满了一次次失败、迷茫的过程中，王老师总是会给我们足够的信心和支持，总在需要的时候想尽办法提供帮助。

"我曾经因为论文被拒而丧失信心，否定自己的成果，王老师立马给我鼓励和安慰，让我坚定信念，并且在组会上肯定我的成果。那一刻，我又感觉充满了力量。新型冠状病毒肺炎疫情时期，科研思路的停滞让我产生了莫名的焦虑，王老师便积极开导我，让我做好眼下事，脚踏实地，未来不会太远。每次王老师捕捉到我的消极状态后都会立马给予关注，三言两语就能让我再次充满力量。"课题组方露露说。

课题组张蔚说："研一的时候，我在学习实验模型中遇到瓶颈，王老师多次寻找和联系用过这个模型的专家，帮助我答疑解惑，完成实验。新型冠状病毒肺炎疫情刚刚爆发的时候，隔离在家的我身体稍有不适就很焦虑，王老师知道后在电话里坚定地告诉我'要相信你是安全的，不要过度焦虑，注意身体就好'。"

江伟霞回忆道:"刚进入博士一年级的时候,从硕士到博士的转变让我对自己充满了不自信,手头上的实验结果也不理想,我越来越不确定自己能不能够读好博士。在进行了一番思想斗争后,我选择了跟王老师沟通,他非但没有责怪我进度慢,反而安慰我'科研是一个探索的过程,遇到问题是正常的,慢慢来',给了我莫大的鼓舞和信心。"

"还记得研三那一年,因为自己的学习进度较慢,文章接连被拒,内心开始焦虑不安,再加上毕业找工作的压力,我状态很差,"杨雪芳说,"王老师会默默地关注我的心理状态,在中午或晚上吃饭时间来办公室跟我聊天,他笑着跟我说'最近看你压力有点大,没关系,放好心态'。"毕业答辩顺利通过那天,她特意跑到王老师办公室询问论文的进度,王老师第一句话就是:"这孩子,不要着急,先把当前的事情做好,不要担心。"王老师这句话,打散了她心里的焦虑和不安情绪。

◑ "七仙女"年度总结(后排为"七仙女",前排为归旋)

研三上学期，吴晓俊对于毕业论文有些迷茫。她主动找到王老师，想和他探讨相关内容。"老师一见到我就问我最近是不是又瘦了？"吴晓俊回忆道，"听到王老师这样说，当时我心里十分的感动，又有点难受，因为那段时间我的生活和学习确实都不太顺利。王老师的这句话深深地温暖了我，让我卸下了心里长久的包袱。王老师以朋友的身份耐心地开导我，我忽然觉得生活中所有的不如意都好像不值一提了，反而要积极调整好心态，注重身体健康。"

● 王老师课题组送别毕业生

三年的硕士学习生活中，王老师更是悉心培养，经常会给我们分享做科研的心得，将他在读博时的经验和方法倾囊相授。对于任何的数据、设备或者实验问题，王老师都想办法帮忙解决，为我们提供了良好的学习和科研环境。有相关的学术会议，他也鼓励我们积极参加，多去接触前沿知识。同时也时常督促我们在懈怠的时候懂得反思，鼓励我们在困难的时候记得坚持。平日里，他也很喜欢和我们打趣开玩笑，见到我们时，脸上总是带着笑容，让人倍感亲切。王老师在思想和生活上的谆谆教诲也让我们受益颇深,他时刻告诫我们要踏实做事,与人为善,切不可心高气傲。

　　山川无言,日月无声,转眼间我们"七仙女"就毕业了。王老师的教导与关怀,我们终身受用。毕业那年,我们"七仙女"赠予王老师"最佳导师奖"奖杯。他不曾施压却又有威严,既是良师亦为益友。我们将谨记师训,江湖风波险恶,定当常怀善念!

　　　　🕐 "七仙女"赠予王老师"最佳导师奖"奖杯

作者简介

　　杨柳，女，山西晋中人，地理与信息工程学院2018级地理学硕士研究生。主要研究洞庭湖区域水体及覆被变化过程、格局及其驱动机制。曾获2020年度硕士研究生国家奖学金，以第一作者身份在 *Journal of Hydrology* 和 *International Journal of Digital Earth* 期刊上发表文章各1篇。

24

拂面东风劝勤"学",无声春雨润众"生"
——王茂才老师与学生的故事

导师简介

王茂才，男，湖北南漳人，教授，博士生导师，智能地学信息处理湖北省重点实验室副主任，湖北省创新群体成员，湖北省名师工作室成员，国家级一流本科课程组成员，英国 University of Strathclyde 高级空间概念实验室访问教授。主要研究方向为空间信息网络、网络空间安全、智能优化算法及其在航天中的应用。主持装备预研教育部联合基金、国家自然科学基金面上项目、航空科学基金项目、装备预研航天科工联合基金、中国博士后科学基金特别资助项目、中国博士后科学基金面上资助项目、国家重点研发计划"地球观测与导航"重点专项子项目等20余项。指导研究生多次获得国家奖学金，指导研究生论文多次被评为校级优秀硕士学位论文，指导本科生在湖北省第十一届"挑战杯"大学生课外学术科技作品竞赛、第九届全国大学生信息安全竞赛等赛事中获一等奖。

这世界上,有这样一种人,用自己的热情,让老师这两个字有不一样的分量!用自己的光亮,让老师这两个字有灿烂的光华!王老师就是这样的人。他是我求学生涯中的"贵人"。

在我准备考研的过程中,王老师给予我很多支持与鼓励,让我更加坚定自己读博的信念。最后,我如愿以偿地成为王老师2019级硕博连读的一名学生。在王老师言传身教的影响下,我不断努力、不断进步。

"智商决定起点,努力决定终点!"这是王老师常常鼓励我的话语,也是我一直用以勉励自己的格言。

学路漫漫勤为径

在平时的学习中,王老师是十分有耐心的一个人。他对待每一个人和每一件事都坚持着"时间不负有心人"的原则。他总是教导我们"科研是一个长期的过程,只要用心做,慢慢来,都会有自己的收获"。

王老师指导作者改论文

我还记得自己投出第一篇论文的经历。由于我的英语基础比较薄弱,这篇论文经历了比较漫长的修改过程。还记得第一次修改的时候,王老师把我叫到了他的办公室里,逐字逐句地给我讲句型结构、语法错误,以及相应单词的使用方法。王老师还将他平时在阅读文献时积累的表达方式和写作技巧都分享给我。经过反反复复的修改,我的论文也逐渐变得流畅与简练。在王老师的悉心指导下,我逐渐掌握了阅读与写作的技巧。

春风暖暖沐人心

2020 年是一个特殊的年份。在这一年里,武汉这座英雄的城市经受住了新型冠状病毒的考验。虽说武汉逐步有序地复工复学了,但是这次疫情的影响仍使人惊魂未定。2020 年 6 月中旬,困在家里半年之久的我,因为需要实验室的实验设备,第一批提交了返校申请。

在要返校的前一天,王老师还特别暖心地嘱咐我"佩戴好口罩,路上注意安全,途中不要饮食,到校之后再进食"。寥寥几句,却像春风一样温暖了我的心。谁知返校的第二天,我宿舍所在的楼栋出现了疑似新型冠状病毒肺炎的同学,导致整栋楼的同学都被隔离。遇到这种情况,我当时内心十分恐惧和焦躁不安。王老师得知这个情况,立马就给我发消息安慰我。在王老师的安慰下,我的情绪渐渐平稳了。在宿舍里静静地等待着那位同学的检测结果。所幸,最后虚惊一场。

第二天,王老师就特地从南望山赶到新校区,给我带来了医用口罩、消毒棉片和消毒水。而且,因为不久之后就是端午节,细心的王老师还给我带来了粽子。"粽"情"粽"意,暖在人心。

事无巨细必躬亲

研一下学期的时候，我有幸成为王老师的助教。王老师坚持自己批改学生的作业，理由是：只有通过学生的作业情况，才能了解到学生对知识的掌握程度。这样在准备下一节课的内容时，才会更有针对性。

还有一次，由于粗心大意，

◎ 王老师与学生合影

我在整理实验数据时统计错了一个数字。我自己没发现，最后王老师检查出来了。正当我为自己的粗心大意羞愧不已时，王老师却说："你好好检查一下，看看是否是我错了。"就这样，王老师用温暖的话语化解了我的尴尬。就是这样一位细致、办事认真的导师，时时警醒我，让我此后做事不敢有丝毫的懈怠。春风化雨，润物无声。在实验室这个大团队中，王老师对待所有的学生都一碗水端平。这就是实验室的学生对王老师的印象。

大家眼中的王老师

2018 届博士毕业生陈晓宇

每当在同门面前提起王茂才老师，我都会很自豪地说："我比王老师的小孩还要早一年认识王老师呢。"大二的时候，有幸跟着王老师的课题组做了一些科研项目。在王老师的帮助下，基础薄弱的我通过努力，一点一点进步。最终在大四那年，我获得了保研资格，并如愿以偿地成为王老师的开门大弟子,开启了研究生的学习之旅。然而,研究生生活并不如想象中的那样如意。面对不尽如人意的实验结果,我一次又一次地改进,一次又一次地受挫。在我迷茫苦恼的时候,是王老师照亮了我前进的路,给了我继续前进下去的动力。在王老师的帮助下,我成为了一名博士生,在科研的道路上继续前行,又获得了出国访学的机会。最终,我终于实现了自己的梦想,成为了一名大学教师。再次幸运地加入了恩师的团队中,与恩师一起努力,去建设更好的团队。目前,作为指导研究生的青年教师,在这个令我自豪且压力颇大的岗位上,我一直以王老师为楷模,去践行"立德树人、因材施教"的初衷,将这份芬芳传递下去。

2021 届硕士毕业生刘海栋

"欢迎你加入'光明地带'大家庭!"这是我在 2018 年听到的最温暖的话。这句话,是王老师对我说的第一句话。王老师在学生时代就非常优秀,走上工作岗位后,他依然不忘初心、砥砺奋进。他以身作则,对待科研精益求精,培养学生孜孜不倦。他注重每个学生的学习与生活,更加注重学生的成长与成才。三尺讲台,润物无声。在王老师的启发下,一批又一批学生取得了属于自己的成功。我很庆幸,成为其中的一员。虽然王老师不是我的直接导师,但作为实验室的主要指导老师和管理老师,王老师严谨耐心的态度、细致认真的风格,给我的学习生涯留下了深刻的印象。"我们的学生在这里不只是完成学业、学到技能、实现自己的价值。更重要的是,他们从实验室走出去之后,要做对社会有用的人。"这是王老师在一次普通例会上告诫我们的话,他的谆谆教导我一直铭记于心。王老师就像我们人生路上的"北斗",指引着我们向着更加光明的前程,不断奋进。

2019 级博士生曹黎

"写论文的时候要注意,你要把你的创新点,你论文中所有能吸引人的地方都写在摘要里，要一上来就抓住别人的注意力。"对于学生的科研，王老师一直十分关心，从论文的句法、结构，到具体的实验设计，王老师会关注每一个学生的科研

⬛ 王老师在指导学生

全过程。每当我们遇到科研上的问题，都可以随时去王老师的办公室，无论是有看不懂的文献、看不懂的实验结果，还是有不知道如何修改的语句都可以去问。王老师的办公室里总是挤满了求知的学生。我研究生期间所学专业和课题组研究的方向不同，在刚进课题组的时候非常迷茫，王老师就告诉我实验室研究可能的方向，我应该去读哪些文章。后来，不论从研究目标的选择，还是到具体论文的构建，王老师都给了我很具体而有指导性的意见。在近三年的时间中，王老师给了我很大的帮助，论文从看不懂到读得懂，英文写作从写不出完整的句子到可以写出长句。感谢王老师，近三年帮助我进步得太多了。

2020 级硕士生蔡晗冰

和王老师的相识是在我大一的"C 语言课程设计"这门课上。因为我是工业设计专业，没有任何编程基础，所以学习这门课非常吃力。王老师在了解我的学习状况后，开始耐心地教我编程，从理解程序的运行开始，逐步激发我对编程的兴趣。从此，一扇新世界的大门在我面前打开。本科毕业之后，我

对计算机的兴趣不减反增,想再次进入计算机领域探索未知的世界。于是,我决定报考计算机专业的研究生。因为王老师那极强的专业能力和丰富的教学经验,所以我脑海中想到的第一个报考老师就是王老师。王老师在了解我的想法后,欣然同意了我的请求,并鼓励我好好学习,争取进入课题组。有了王老师的鼓励,我信心倍增。此后,我尽力克服一切困难,几乎从零开始,沉下心来学习。一个人在外地,一学就是半年。终于,皇天不负有心人,我以优异的成绩进入了课题组,实现了我的梦想。在近两年的时间里,王老师给予了我非常大的帮助。因为王老师的鼓励,我才有坚持下去的动力。星光不问赶路人,感谢王老师的帮助!

作者简介

包芊,中共党员,湖北黄冈人,计算机学院 2021 级博士研究生。主要研究方向为多目标优化算法及应用。已发表论文 1 篇,申请发明专利 1 项。硕士期间获得"华为杯"第十七届中国研究生数学建模竞赛三等奖、院科技论文报告会二等奖。

25

同舟共济，平稳前行
——郝国成老师与学生的故事

导师简介

郝国成,男,山东冠县人,博士,副教授,博士生导师。2016—2017年美国杜克大学访问学者(合作导师:Ingrid Daubechies);2013—2014年中国科学技术大学国内青年骨干教师访问学者;2013年,赴俄罗斯西伯利亚联邦大学、俄罗斯科学院西伯利亚分院托木斯克科学中心访学交流。

流。主要研究方向为非平稳、非线性信号时频分析和地球天然脉冲电磁场方法及仪器设备研制。应邀担任 *Signal Processing*、*Transactions on Instrumentation & Measurement*、*Geoscience and Remote Sensing Letters* 等多个 *SCI 期刊*的审稿人。

在信息爆炸的时代,导师与学生除了师生关系外,更像是同乘一船的朋友,共同让这一叶扁舟平稳前行。

传闻中的老师

说来有趣,我本科阶段从未上过郝老师的任何一门理论课。"模拟电子线路"原本应该是我接触郝老师的第一门课,但那时候郝老师正在国外学习,因此这样一位老师更多存在于学生的"传闻"之中。

"你知道吗,以前教这门课的郝老师人很好,上课特别认真,课上总会和同学们进行互动。"

"这门课可难了,不容易拿高分,而且听说总有人会不及格。"

传闻中有关郝老师的评价出奇一致:"课程很难,但老师是真的很好。"

后来,对于郝老师的传闻也随着这门课的结束而渐渐淡去,我甚至都没有主动去学院官网上确认这位传闻中的老师究竟长什么样子。

真正与郝老师相遇,是在电路实习中。

这是再次拿起电烙铁焊接电路的实践课,不同于以往的实践课,这次实践课需要学生自己去设计电路实现既定功能。不难想象的是,将课本知识变成现实的这一过程对于当时的我来说可谓是"噩梦"一般,仿真软件都运行不出正确的结果,更不用说去实际搭建电路了。

"为什么不试试换个三极管?"陌生的声音点醒了我。

我抬头才发现,身后的郝老师已经看着我的电路图好半天了。

一瞬间我便红了脸,甚至一时之间都没想起来郝老师的名字,好在从黑板课表上瞥到了指导老师姓名:"郝老师好,好的,我这就改一下。"

替换了元器件后,结果顺利出现,期间郝老师还耐心地讲解着每一个元器件的作用,就像上"模拟电子线路"课程一般。即使我没有上过郝老师的课,此刻的我也好似能体会到传闻中的老师上课的情形。

那便是我与郝老师的第一次相遇，也是那时候起我便决定跟随郝老师开始学习与科研工作。

郝老师与同学们合影

兴趣中的科研

跟随郝老师学习与科研的这段时间里，他给我最大的启发是——要在实践运用中探索出属于自己的研究领域。

郝老师总说："我们可以研究所有对自己科研有帮助的内容，不管是不是与主方向有强相关性，只要觉得有用,去学就是了。"在不断的学习中郝老师教会我一个道理，就是要建立起"学术自由＋实践运用"的规则，"你所学习到的知识，要注重在实际中运用起来,并发挥其应有的作用,才算是真正学到手了。"

这条规则也正是新工科的基石之一，要面向实践运用去大胆开展知识的学习和学术的探索。就这样，除去研究时频分析外，我还学习了很多关于粒子群、机器学习与生物建模相关的知识。

让我记忆最深的事情要数研一刚开始，在一次与郝老师的交流中我提到过想要试着用机器学习去解决一些问题。原本只是一个想法，谁知道还没等到那周结束，郝老师便给我发了一份长到令我惊叹的论文。我所能想象到的研究内容里面都有提及，与其说是方法宝典，不如说是一幅科研路上的地图，而郝老师之后时常发来的文献也都给我带来了很大的指导作用。

郝老师每次发来的文献资料，总会给我带来不少的感动。就好像你在墙角小声倾诉烦恼被他人听到后，超出想象地受到了他的帮助与关注。是的，在郝老师的言传身教中我学会的不仅仅是知识，更多的是如何去开展科研的思路。在当下，郝老师想要教会我的不是乘坐扁舟，而是建造扁舟的能力。

● 郝老师参加比赛时的照片

鼓励中的关怀

"你家远，就早点回家吧。"2020 年 1 月临近放寒假时郝老师对我这样说，谁能预料到，再次见面就要等到 8 个多月之后。

突如其来的新型冠状病毒肺炎疫情几乎让所有人都变成了互联网上一个抖动的图标，也正是在这段时间，我向郝老师提到过一个与科研方向完全不同的想法，想要用平时数值仿真的软件制作一个科普视频，向大家科普居家隔离对疫情防控的重要性。原本只是随口说说的想法，谁知道郝老师立马鼓励我去尝试，甚至第二天便发来了不少相关文献。就这样，我阅读这些文献，用了三天的时间成功制作出了居家隔离对新型冠状病毒传播影响的科普视频。该视频在获得很多观众好评的同时，也被各大媒体广泛宣传报道。

在郝老师的帮助指导下，能用所学的专业知识为疫情防控做出一点微薄的贡献，我感到非常开心。

除此之外，在疫情期间最让我感受深刻的事情是郝老师对我

● 作者和郝老师合影

们的关心。

"淞元，"时不时郝老师的窗口会在右下角闪动，"你那边情况怎么样，口罩还够用吗，需不需要我这边给你寄一点？"

谁都没有想到，在武汉疫情得到控制后，新疆又再次被"标红"。全世界都在活动，而我被关在家中的滋味是十分不好受的，仿佛与世界脱节了一般。但郝老师的关心总会第一时间抵达，聊聊最近发生的事情，谈谈未来的规划，此时此刻与其说是师生，不如说是相距千里的朋友。

于我而言，郝老师不仅是诚挚、认真、细心、温暖的师长，是带领我乘风破浪的引路人，他更像是我的一位朋友，会倾听我的诉求和想法，也会与我分享喜悦和快乐。

作者简介

谭淞元，重庆人，机械与电子信息学院 2019 级硕士研究生。研究方向为信号处理、时频分析、机器学习和 ENPEMF 信号。曾获"杰瑞杯"第六届中国研究生能源装备创新设计大赛三等奖、校科技论文报告会二等奖及"中国地质大学（武汉）抗击新冠肺炎疫情先进个人"荣誉称号。曾被评为校级优秀共产党员、十佳学生共产党员等。

26

教研相长的领路人
——黄俊华老师与学生的故事

导师简介

黄俊华，男，江苏南通人，研究员。主要研究方向为环境地球化学，第四纪环境与全球变化，同位素地球化学，重要地史转折期碳、硫、氮同位素与生物地球化学循环等。在 SCIENCE、PNAS、EPSL 等国内外期刊发表相关论文 120 余篇。为 2018 年度湖北省十大科技成果团队成员之一（谢树成教授团队）。参加了"十一

五"国家级规划教材《地球化学》（张宏飞和高山主编）的编写，参与多部专著的撰写。

感恩——他是专业的引路人

2016 年 9 月末的化石林，阳光明媚，生机勃勃。那时的我还是一名大四学生，与黄老师初次见面，我忐忑不安，但是与黄老师交流后发现他平易近人，我紧张的情绪逐渐消散。

记得当时黄老师给我介绍实验室的仪器和正在研究的重大课题，我突然

对《地球化学》书上的稳定同位素有了具体的兴趣。也是从那时起,我开始走上学术科研的道路,进入实验室学习国际前沿的二元同位素(clumped isotope)技术。

黄老师经常到实验室指导学生搭建仪器,他会细心地叮嘱大家注意安全,小心别碰伤手,还会讲述他年轻时维修仪器的趣事。我不仅从中学到了很多技术,而且也得到了黄老师的指点和帮助。因为我的研究方向与本科专业有较大的跨度,所以黄老师总是给我推荐专业教材和相关文献,与我一起讨论研究工作的进展和遇到的问题,带领我更好地学会思考和解决问题。

在黄老师的帮助下,我顺利完成了本科毕业论文,步入研究生生活。他引领我在地质专业领域内,一步一步前进。

敬重——他躬亲力行,育人育心

我对黄老师的办公室印象深刻,里面除了一张办公桌和两把椅子,完全像个样品间。铁架上摆满了岩石样品和石笋样品。

2017年7月,黄老师带领我们到西藏采样,比起野外工作,他更关心我们的身体状况。都是在平原生活的我们,没怎么适应过高原环境,黄老师特地在拉萨停留三天,让我们慢慢适应高原环境。尽管这样我们还是状况百出,有个师兄稍

🔘 黄老师带领学生野外采样

有高原反应，黄老师立马开车带他去医院吸氧。我也在夜间发烧，黄老师像个老父亲一样一直陪伴着我，只有一把伞，黄老师让师姐给我打着，自己冒着雨在街头跑着找医院。

在野外黄老师总是这样关心照顾我们，也不断鼓舞我们，告诉我们胜利就在前方，带我们一路攀登上 5000 米高峰，采集岩石样品。黄老师总是亲自带队去野外采取石笋样品，虽已年过半百，但他仍能在陡峻的山路上健步如飞，在队伍的最前方为我们开辟道路，还时刻不忘提醒后面的我们注意安全。

在山洞内，他以自己渊博的学识循循善诱，引领我们开启洞穴世界的大门。休息之余他还以自己丰富的生活经验，为学生们排忧解惑。

黄老师常常教导我们"做事先做人，做人先立德"。黄老师不仅教导我们做科研，更让我们树立良好的品德，做一个品德优良、高素质的人，这是求学的基础，也是做事的前提。黄老师的豁达大度、宽广胸怀总是这样深深地影响着我们。

在学术方面，黄老师要求我们养成阅读英文文献的良好习惯，了解行业发展前沿和最新进展。我们课题组有着良好的科研氛围，有每周写读书报告和组会交流的学习制度。即使在新型冠状病毒肺炎疫情期间，依然坚持每周线上组会，学生汇报自己的研究工作进展。黄老师经常给我们答疑解惑，提供宝贵建议。

黄老师总是有着敏锐的学术眼光、开阔的国际视野，指引我们在学术上开辟新道路。他也经常为我们提供参加学术会议交流的机会，如同位素地球化学相关会议和第四纪学术大会等，这开阔了我们的视野，使我们受益匪浅。黄老师严格的治学态度和认真的科研精神也让我们敬佩，不断感染并熏陶着我们。

感动——他关怀备至，亦师亦父

师恩是巍峨的高山令人敬仰，师恩是浩瀚的海洋无法估量，师恩是燃烧的红烛光照八方。

在紧张的学术科研之余，黄老师心系学生，经常到未来城校区与我们聊天、共餐，注重我们的身心健康。在生活中，黄老师无微不至地关爱我们，在关心我们科研进展的同时也会关心我们生活近况。在我们经历失败和挫折时，他都会向我们传递正能量。黄老师平时也常常去办公室给我们带一些好吃的水果。在中秋佳节，和师母一起给我们准备月饼，一起过节，让独在异乡的我们倍感亲切；在教师节，和师母一起带着整个课题组拍摄幸福的全家福。

项目组全家福

不管我们是大四毕业生还是研一的新生，黄老师都会鼓励和提供我们参加学术会议交流的机会，让我们开拓视野。在开会前，他还鼓励我们张贴海报或者讲报告来展示自己最近的研究成果，耐心地给我们提供修改和完善的建议。在开会之余，带我们去打卡当地的美食，领略当地的盛景。有幸成为黄老师的学生，他为我指明方向，带我走出困境。他像是父亲，始终给予我指点与帮助。

此为吾之师也，传道授业解惑也，教之以事而喻诸德也。

作者简介

吴佳琪，女，江苏南通人，目前为地球生物学方向博士研究生。硕士期间师从黄俊华教授，学习 clumped isotope 新技术，主要研究方向为生物标志化合物和地球化学的结合，重点探讨关键地质时期（如生物大灭绝时期）的生物地球化学循环及与生物代谢密切相关的元素循环特征。在院科技论文报告会中多次获奖，在"第五届全国青年地质大会"中荣获"优秀报告奖"。

27

引航灯塔，巾帼有为
——谢丛娇老师与学生的故事

导师简介

谢丛姣，女，湖北汉川人，博士，教授，硕士生导师，石油工程系党支部书记，湖北省优秀共产党员，也是湖北省优秀基层教学组织负责人。长期从事油气田开发理论及技术的研究与教学，积极献身"为祖国寻找富饶矿藏"的崇高科学事业。曾作为访问学者分别前往美国加州大学圣地亚哥分校、英国帝国理工大学开展交流合作，发表学术论文 60 余篇。近年来，获湖北省科学技术进步奖三等奖 1 项、湖北省高等学校教学成果奖一等奖 1 项，被评为湖北省优秀共产党员，校第三届师德师风道德模范、校十佳优秀共产党员、校"最受学生欢迎老师"等，所在党支部获得湖北省"三八红旗集体"，带领石油工程系党支部通过首批高效"双带头人"教师党支部书记工作室建设。

师者，所以传道授业解惑也

在谢老师眼里，每一位学生都是可塑之才。谢老师坚持立德树人、因材施教，她认为结合学生特长同学生一起规划他们的成长道路是最大的事情，也是最为操心的事情。自 1993 年以来她指导研究生 50 余名、本科生 100 余名。

❶ 谢老师与学生交流

2017 级硕士黄文倩是一个天资聪慧的姑娘，她刻苦努力，也很有灵性，总是能够出色地完成团队里的科研任务。在不断的科研实践中，黄文倩渐渐在计算机方面显现出了极高的天赋，这一变化也被谢老师看在眼里、记在心头。在黄文倩面临择业时，她经常同黄文倩谈心谈话，黄文倩也敞开心扉地说："谢老师，我想为了梦想拼搏一次。"谢老师听后勉励她："年轻人有想法并为之付出努力是好事,我支持。在现在这个多元化的社会,基于学科交叉的职业发展是最理想的状态。在石油工程专业学习的几年,不仅让你掌握了良好的知识基础,还有'石油人'敢于拼搏、敢于进取的可贵品质。"这让黄文倩很受鼓舞,也让她卸下了思想包袱,轻松"上阵"追逐梦想。最终黄文倩如愿以偿完成了自己的梦想,在全新的领域努力拼搏并取得了骄人的成绩。

2012届的硕士邹双梅,在谢老师的指导下,硕士毕业后前往澳大利亚新南威尔士大学求学并获得博士学位,发表多篇 SCI 论文,获聘地大特任副教授,中国地质大学(武汉)青年优秀人才,顺利申请到国家自然科学基金。

◐ 谢老师的双语教学

我在本科毕业后萌生了去支教的想法,但是去支教就面临晚一年毕业的问题,要耽误一年的专业学习。我把自己的顾虑也跟谢老师说了,她听后鼓励我:"当年毛主席号召知识青年向农村出发,同劳动人民相结合,就是要在干中学,在踏踏实实的劳动中了解国情,建立对人民群众的朴素感情,你有这个机会去支教，我非常赞同。至于专业学习，这个不是以年限论英雄，而是以态度见长短。等你正式回归后，PERMS (Petroleum Engineering Reservoir Modeling and Simulation)团队成员都会和你一起探讨，共同进步，你很快会赶上来的。"我被谢老师质朴的话语感动了，坚定了赴湖北恩施支教一年的决心。经过研究生支教团的磨砺，我选择成为一名辅导员，工作、学习两不误，与团队成员一起攻克一个又一个科研难关。

得益于谢老师先进的教育理念，她的每一位研究生都找到了适合自己的发展道路，在各行各业贡献着自己的力量。

师者，所以教学相长促成也

谢老师常常跟学生说她自己就是土生土长的"石油人"，也正因为她的"土生土长"，她深知：对于石油工程的研究生来说，科研实践动手能力是多么重要。在研究生培养中，她特别注重培养学生知行合一、学以致用的能力和思维，中国石油工程设计大赛就是她培养研究生重要的"练兵场"之一。

2018级硕士生田博说："正是在中国石油工程设计大赛的实际训练中，我尝到了用所学知识解决直接生产问题的快乐与充实，感受到了科学的力量。我在大赛中，一步一步更加走进石油，爱上石油，而为我叩开科学大门、铺就石油道路的正是我的恩师——谢老师。"研一的时候，田博在谢老师的鼓励下参加了中国石油工程设计大赛，从大赛报名到最终答辩，都倾注了师生一起奋斗的心血。大赛的每一个环节，谢老师都了解得非常详细，赛题一公布，就第一时间为队员们细致分析大赛资料，研究先进的思路和方法。凌晨主楼的灯光，也见证了师生共同的情谊。在最终的研究报告和汇报文稿出炉前，谢老师还在一字一句地和同学们一起探讨，使报告内容更加实际化、专业性。最终田博团队获得了全国二等奖的好成绩。田博也坦言："通过中国

🌀 **谢老师带研究生在咸宁考察**

石油工程设计大赛,谢老师在方方面面影响着我们。谢老师能够细致地去发现每个学生的优点,充分尊重学生的研究兴趣和发展方向,并支持学生的选择。她常常说,油气资源是国家重大战略资源,在祖国面前,个人是渺小的,而为国家寻找石油却是伟大的事业。在她的影响下,我们很多同门成为了光荣的'石油人'。"在谢老师的帮助下,田博如愿以偿地签约了中国石油化工股份有限公司江汉油田分公司,为祖国的石油事业贡献自己的青春力量。

不知不觉,在谢老师实践育人理念的牵引下,中国石油工程设计大赛已经成为了"谢门弟子"的"成人礼",几乎所有的研究生都参加过这项顶级的行业大赛并取得了优异的成绩。今后这里还会涌现出更多优秀的石油人!

🌑 谢老师与毕业生合影

师者,所以视生如子共情也

在谢老师眼里,为人师者,不仅仅有着应尽教育之责,更有着与学生割舍不开的师生情谊,她不仅是学生的谢老师,更是学生的"谢妈妈"。

2019级硕士生张棣是一位来自东北的女孩,谢老师常常关心这位离家特别远的姑娘。从小在北方长大的张棣,在武汉的第一个冬天第一次感受到了不同于北方的南方湿冷气候,即使穿羽绒服也觉得冷。一天上午张棣计划去商场购买保暖的帽子和围脖,谢老师听说她去买围脖,急忙跟张棣说:"你不用买呀,我家里有好几条闲置的,下午拿过来给你挑挑。"听了这句话,张棣真的特别感动,她说:"谢老师就像妈妈一样关心着我,后来在和家里聊天的时候和父母说起了这个事,我妈妈当时就眼含泪花,我妈妈也说遇到这样一位老师是我的福气,一定好好珍惜这份师生情,在科研上做出成绩回报老师。"后来,张棣在谢老师的关怀下适应了研究生的学习生活,在异乡求学感到温暖的她更有劲头了。她在谢老师的资助下参加全国学术论文交流，首次参加"第五届石油汇：中国国际学生石油论坛"就斩获三等奖。学生的事再小也是大事，这就是谢老师培养学生的"大小观"。在她的培养和关怀下，"谢门弟子"都心向阳光、茁壮成长。

2020 级来自加纳的 Patricia 是谢老师带的 4 名留学生中最依赖谢老师的。来自异国他乡的她在生活和学习上都得到了谢老师的帮助，自硕士阶段就非常信任谢老

留学生 Patricia 接受湖北卫视的采访

师，读博后刻苦钻研科研，还学会了中文。Patricia 在湖北卫视题为"谢丛姣：积极引进人才回国的教授"的专访中对着镜头竖起大拇指用中文说："谢教授了不起！"

谢老师坚持以习近平新时代中国特色社会主义思想为指导，以党员的标准严格要求自己，忠实践行人民教师的初心使命，以良好的职业操守和业务素质为根本，带领学生在崇山峻岭中跋涉，在科研攻坚中攀登，努力做新时代"四有"教师行走的"代言人"。

作者简介

刘睿,男,河南洛阳人,资源学院 2019 级石油工程专业硕士研究生。在校期间担任资源学院学生会主席,入选学校第七期"青马工程"培训班,2018 年入选中国青年志愿者研究生支教团,赴湖北恩施支教,2019 年入选学校"1+3"辅导员计划,目前在资源学院担任 2019 级本科生辅导员,继续攻读硕士学位。

引航灯塔 巾帼有为

28

芝兰繁茂凭"淑"气，桃李不言倚"云"开
——谢淑云老师与学生的故事

导师简介

谢淑云，女，湖北天门人，教授，硕士生导师。现任中国地质大学（武汉）地球科学学院地球化学系党支部书记、国际数学地球科学协会（IAMG）评奖委员会委员、中国第九届应用地球化学专业委员会委员。主要从事数学地球科学、应用地球化学、油气储集体非均质性等方面的教学和研究工作。

主持国家自然科学基金项目 3 项，参与国家自然科学基金重点项目 2 项，曾获国家科学技术进步奖二等奖(排名第 10，2013 年)、国土资源科学技术奖一等奖（排名第 10，2011 年)、湖北省高等学校教学成果奖二等奖（排名第 2，2013 年)、校卓越教师奖(2020 年)、第九届中国地质大学(武汉)"十大杰出青年"(2010 年)等荣誉奖项。

得遇良师,何其幸哉

如果有人问我,近五年来做的最正确的事是哪一件,我会毫不犹豫地回答:"选择了一个打心底里尊敬的好导师——谢淑云老师。"犹记那个风和日丽的下午,我紧张地敲开了谢老师办公室的门,她热情地为我冲了一杯咖啡,于是我们的交谈在轻松的氛围中逐渐展开,她的和蔼可亲、温柔友善感动了我,让我当即决定跟随她学习。

谢老师对学生的关怀总是无微不至。她深知每一位学生的特点。在每一次的组会和日常交流中,对于学生的优点,她会不失时机地表示认可;对待学生的不足,她从不责备,总是温和地劝说,充满了激励和鞭策及循循善诱的引导。她总是鼓励每一个学生都要忙起来,每个人都要至少负责一件业务方面的事情。

❤ 谢老师与学生合影

我们的身体健康也是谢老师关注的重点，为了让我们加强体育锻炼，还特意自费购买了羽毛球拍放在学生办公室督促大家经常运动。这两年由于新型冠状病毒肺炎疫情的影响，每个假期谢老师都会组织大家每天填写健康情况综合表，便于了解学生假期的工作与生活情况。与谢老师相处的日子，我感受到她不仅是我们的学术导师，更是我们的人生导师。

以生为本，因材施教

以生为本，筑梦未来。谢老师熟知每个同学的性格特点，总是为学生"量身定制"研究课题，并鼓励我们通过阅读、演讲、听讲座、参加比赛等系列活动全方位提升自我。2021年，我作为第七届中国国际"互联网+"大学生创新创业大赛"'硒'望无限"团队的负责人，在谢老师的指导下，一路带领着团队冲进全国总决赛，并一举斩获金奖。这一成绩的取得与谢老师坚持从学生个人的兴趣特点来因材施教的理念是分不开的，同时也与谢老师用心、用情的陪伴息息相关。

无数次深夜的项目研讨会、无数次清晨的路演模拟，谢老师总是第一个到，给我们指引前进的方向。创新创业是一个不断探索的过程，在这个过程中一定会遇到挫折和失败，谢老师总是在我们最需要的时候，鼓励我们

● 作者与谢老师合影

坚持科学研究本身的规律,用心挖掘。谢老师不仅教会了我们"会创"的技能,更重要的是培养了我们"敢闯"的决胜信念。经历了"互联网+"大学生创新创业大赛的层层打磨,谢老师时常教导我们:"会创"是基础、是技能,决定下限;而"敢闯"是气魄、是胸怀,决定上限。谢老师致力于培养我们具备这样的气魄和胸怀。我们也由衷地为拥有这样的好导师感到骄傲和自豪。

◎ 谢老师指导学生进行项目迭代

因材施教,英才辈出。我们的团队有着浓厚的创新创业氛围和师门传承。从2019年起,谢老师就鼓励师兄师姐们进行创新创业实践,她联合导师团队指导我们不同团队的学生荣获第十一届"挑战杯"大学生创业计划竞赛湖北省金奖、第五届中国"互联网+"大学生创新创业大赛全国总决赛银奖、第二届"地质+"全国大学生创新创业大赛金奖、第七届中国国际"互联网+"大学生创新创业大赛全国总决赛金奖等。这些沉甸甸的奖项背后,既离不开谢老师对创新创业教育独到的见解和丰富的经验,更离不开谢老师"以生为本,因材施教"的教育理念。

团队在第七届中国国际"互联网+"大学生创新创业大赛现场合影

创新教学,严谨治学

创新教学,课程先行。谢老师的创新不仅体现在她带领学生参加创新创业类比赛上,更体现在她的课程建设和课堂教学上。"地球科学概论"是一个地大全校本科生的通识教育必修课,这是她课程创新的一块"良田"。作为这门课程助教队伍中的一员,我看到的不仅仅是该课程入选了教育部首批普通本科教育思政示范课程,更多的是谢老师为学生愿意听、喜欢听所做的努力。早期,面对一门传统地质类基础课向通识教育课程的转型,她设置了三个关键词:国际视野、宇宙尺度、家国情怀,号召学生跳出课程的条条框框,从学科交叉等多角度提升自己,延长学校地学优势之长板。为达到更好的教学效果,在课程建设初期,谢老师每节课都会去课堂上和大家一起听课,同时要求我们进行随堂录音,课后她会反复听录音,整理各位老师的讲课内容,在 MOOC 制作与课程建设中充分整合利用,力求做到最好;为更好地带领学生实现"地学科普",谢老师还创建了微信公众号对课程进行宣传,并邀请学生走进勘查地球化学实验室,通过向朋辈学习感受不受学分限制的科普实验。

严谨治学,行为师范。教书育人是教师的天职,无论科研、行政事务多繁忙,谢老师始终坚守在本科教育教学第一线,严谨治学,行为师范。除了讲授"地球科学概论"的课程,谢老师还主讲"勘查地球化学""地球化学多元统计"等课程。她在教学过程中注重引导和激发学生的学习热情与创新精神,引领探究式、纠错式、思维引导式教学改革,积极推行多样化、非标准答案的启发式教学研讨,鼓励向朋辈学习,以学生知识和能力的提升为目标,运用现代教育信息技术打开新局面。她主讲的"勘查地球化学"曾被评为我校最受学生欢迎的课程之一,在 2015 年入选湖北省精品资源共享课程。

谢老师讲授"地球科学概论"课程

身先士卒，践行初心

谢老师自 2003 年留校任教以来，历任地球化学系教学秘书、教学副主任、党支部书记。在变的是工作的岗位，不变的是谢老师一直身先士卒的身影。谢老师从教以来，始终身先士卒，充分发挥党员的先锋模范作用。在课程思政上，她注重挖掘专业学科中的红色育人元素，带领支部老师和学生远赴广东韶关，借我校"八五"攻关项目南岭区域地球化学调查的示范性工作与大家分享於崇文院士总结的地球化学"南岭精神"；在学科发展上，她通过相关研讨会、教育教学会议与大家分享当前大地学时代背景下地球化学系的专业建设愿景；在支部工作上，她统筹谋划支部工作发展，积极推进党建与业务工作相融合，发挥党支部的战斗堡垒作用。谢老师本人也因此获评湖北省高等学校优秀党务工作者，她所在的支部也于 2021 年入选湖北省先进基层党组织。

⚫ 谢老师担任抗疫志愿者

疫情来袭，勇担重任，践行入党初心。2020 年年初，一场突如其来的新型冠状病毒肺炎疫情席卷全球，封城、居家，当时身处全国疫情中心的武汉急需大量的志愿者来保障大家的日常生活。作为一名中共党员，谢老师积极响应社区号召，主动加入抗疫志愿者的队伍，担任临时"楼栋长"，积极配合社区捐款捐物，并与多位志愿者一起负责整栋楼居民的物品购买与发放，在最困难时期积极做好与社区和学校工作的对接，用实际行动践行着全心全意为人民服务的入党初心。在如此繁忙的志愿者工作期间，谢老师每天都会在群里询问我们的体温和行程，时刻提醒我们要注意防范。在谢老师的影响下，我也主动报名成为了社区的疫情防控志愿者，为抗击疫情贡献自己的力量。

桃李不言，下自成蹊。谢老师耕耘教坛近 20 年，以她独特的人格魅力，影响着一届又一届的莘莘学子。"新竹高于旧竹枝，全凭老干为扶持"，我为拥有这样的好老师感到深深的骄傲和自豪。

作者简介

　　张越鹏，男，陕西铜川人，中共预备党员，地球科学学院地球化学专业 2020 级硕士研究生。主要研究方向为勘查地球化学和数学地球科学。作为项目第一负责人，获第七届中国国际"互联网 +"大学生创新创业大赛全国总决赛金奖。

29

我的法学领路人
——胡中华老师与学生的故事

导师简介

胡中华，男，湖北监利人，法学博士，副教授，自然资源部法治研究重点实验室研究人员。长期从事环境法学、法学方法论等教学与研究。在《现代法学》《法学论坛》《法学杂志》《中国人口、资源与环境》等期刊发表论文 50 余篇，出版《环境保护普遍义务论》《环境公益诉讼研究》等专著。主持过国家社会科学基金项目、教育部人文社会科学基金

项目、湖北省社会科学基金项目。曾被评为中国地质大学（武汉）"研究生的良师益友""优秀指导教师"。

回首与胡老师一起度过的时光，我感到无比幸运且幸福。早在研一的时候我就产生了用文字记录我和胡老师之间的点点滴滴的想法，奈何一直没有付诸行动。正值教师节来临前夕，我终于决定将此想法付诸实施，借此回忆与胡老师一起度过的美好时光。

幽默的生活哲理

刚进入地大的时候,我对这个陌生的环境感到无所适从,对法学这个专业充满未知与茫然。这一切在胡老师主讲的"民法学"课上顿时化为乌有。胡老师那句"何谓民法?民法何为?"直击灵魂的拷问给之前从未接触过法学的我留下了深刻的印象,也自此激起了我对法学的学习兴趣。

胡老师是我本科班级的班主任,当时法学班男女生人数比为 1:3,女生无论是在人数上还是学习活动中都占据绝对优势,班里大部分男生的实力不如女生。上课的时候前排永远只有女生靓丽的身影,课堂讨论发言大多是女生的声音,男生躲在后面悄无声息。即便如此,胡老师仍然耐心找我们男生沟通交流,当时以为会被口得很惨,已经做好了"赴死"的准备。没想到,我们到了胡老师的办公室,往日那个严格流露于表的老师不见了,坐着一位和我们聊生活的细枝末节、聊家乡的风俗习惯、聊校园里的个人情感、聊未来的职业规划的老朋友。交流的目的是让我们改变现状，胡老师却不直言点破，他将这份希冀化在绵绵笑语中，由内而外浸润我们全身。说话的艺术，在胡老师身上体现得淋漓尽致。

也是从这个时候，我决心备考研究生，在面临本科毕业迷茫不知该如何抉择时，胡老师让我找到了走出这片迷茫的出口，我最终也顺利投身胡老师门下继续学习。

独特的学术魅力

上过胡老师课的同学，大多都会被胡老师频频爆出的金句所吸引，被其深厚的学术功底所折服。除了"何谓民法？民法何为？"之外，还有常见的"没有无缘无故的爱，也没有无缘无故的恨""阳光底下无新鲜事""学了屠龙之术，却无龙可屠"……严肃的法律知识用其独具一格的语气说出来，显得格外有趣。胡老师的授课风格是独树一帜的。在多媒体PPT授课已经成为常态的信息化授课时代，胡老师仍然坚持板书，

胡老师悉心指导团队研究比赛策略

授课全程脱稿进行,社会热点案例信手拈来。没有 PPT 的催眠,同学们上课听得格外认真。再加上时不时冒出的金句,明明在一本正经地说,却总能让同学们强忍笑意。因此,胡老师的课堂时间总是过得特别快,让人感觉意犹未尽。

毕业寄语中胡老师对学生说的那句"有抑郁但不绝望,懂人情但不世故"至今仍然是我的座右铭。我临近本科毕业的时候,身体突发状况,那段时期情绪极其低落,真切地感觉到自己弱小、无助且可怜。这句"有抑郁但不绝望"犹如那束捅破黑暗的光,让我重拾信心,积极面对生活。

最使我震撼的是一次课堂中胡老师关于农村的一段讲解:"我是农民的儿子,曾经也是农民。在我是农民时,我对于农民、农村与农业有着切身的直觉认识——农村绝非诗意的栖息之所,农活绝非田园牧歌,农民绝非等闲之辈。但是,当我对于农民、农村与农业有了自觉认识时,我已经远离农民、农村与农业。"

对于出身农村的我来说,这段话引起了我极大的精神共鸣,寥寥数语刻画了他作为寒门学子的情感。虽然我无法达到胡老师的高度,但是他独特的人格魅力足以令我折服,这更加坚定了我选择胡老师作为研究生导师的决心,当时我就希望通过三年读研的时间一边学习一边继续领略他的人格魅力。或许这也是大多数同学眼中,我和胡老师极为投缘的原因,我能更容易感受到胡老师那份严格背后隐藏的希冀。

宽广的知识储备

胡老师的学识非常渊博,而且他也是非常喜欢做学问的人。他的两大爱好是喝茶和看书。他的办公室柜子里是书,书架上是书,桌子上是书,椅子上是书,地上还是书,只留一条歪歪扭扭的"羊肠小道"从门口通向他的书桌。

普通人买书都是以本为单位，胡老师买书是以蛇皮袋为单位。有一次我去办公室找他，门口唯一没有书的小道被一个超大的蛇皮袋挡住了，我得知里面是一套丛书的时候被震惊得无以复加，这再一次刷新了我对胡老师喜欢读书的认识。这满满一办公室的书籍就是他学问积淀的见证。

胡老师非常喜欢和学生在一起聊天。和胡老师一起聊天从来不会冷场。上至天文下至地理，各种政治、历史、风土人情和名人轶事，他都能娓娓道来。饭桌上可以谈国际形势，出去社会实践能谈当地风土人情，感觉他就是一部行走的"社会百科全书"。胡老师身上的优秀特质远不止如此，相处越久，越能体会他对学生的真诚与责任。

得导师如此，夫复何求！从本科到研究生，能遇到胡老师是非常幸运的。我为拥有这样一段师生情而自豪，与胡老师亦师亦友的七年将成为我人生中一笔宝贵的财富，值得一生珍藏、品味。

◑ **胡老师讲解云南**
少数民族风俗习惯时的合影

作者简介

陈春博，男，甘肃陇西人，中国地质大学（武汉）公共管理学院 2019 级法律硕士研究生。主要研究环境与资源保护法学。与导师合作以第二作者身份在《河南财经政法大学学报》发表期刊论文《自然资源资产负债表制度之构建》。曾获得 2019 全国大学生环境资源模拟法庭大赛三等奖，在中国地质大学（武汉）公共管理学院"五月的鲜花"2020 年度五四评优中被评为优秀共青团员。

30

做有德有行的"教书匠"
——王国庆老师与学生的故事

导师简介

王国庆，男，湖北荆门人，副教授，2007 年进入学校地球科学学院承担岩石学相关的教学和科研工作至今。近 5 年来，年均室内课时数达 123 个学时；积极主动参与野外实习基地的建设工作。累计完成地大 2571 名师生和其他 7 所院校 1023 名师生的实践教学工作。悉心指导学生学习，受到学生广泛喜爱，被评为校"优秀班主任"。积极参与教学建设，获得多项教学奖励。

本科期间，我上了王老师主讲的"岩石学"，王老师深入浅出的讲解深深地吸引了我。2016 年，我跟着王老师开始了硕士学习，对王老师有了更进一步的了解。

牢牢坚守三尺讲台，引领学生自主学习

王老师长期承担"岩石学"及相关课程的教学工作。他认为，高校教师的首要任务是要上好一门课，从而实现知识的有效传授。近5年来，王老师年均室内课时数达到地球科学学院年人均室内教学课时数的152%。他始终高度重视课堂教学，除了精心准备和悉心讲授理论课程，还坚持全程主讲实习课，手把手教会学生基本专业技能。

"打铁还需自身硬"，为了达到良好的教学效果，王老师不断尝试优化教学设计思路和教学方法，逐渐形成了自己独特的教学体系。在教学设计上，他坚持以岩石学的基本理论为导向，以掌握岩石学的基本技能为目标，引导学生进行互动学习；在教学方法上，他坚持线上线下有机结合，线上课程依托于"岩石学"资源共享课和MOOC，线下课堂则以板书和教具为主，将思维导图贯穿整个教学过程。他改变了传统的教学方法，帮助学生真正积极主动地参与到专业学习中，不少学生听完他的课后都评价称"方法新颖、印象深刻、效果突出"。

"您是我遇到的最负责的大学老师，这么用心对我们，真的很感动。"一位曾立志留校任教的学生在"岩石学"课程结束后写信给王老师。这名学生还在信中这样写道："感谢您把我带进岩石学的世界，很幸运在这个时机遇到您，让我知道一名好老师的模样，也坚定了我考研的想法。"

投身野外基地建设，践行实践育人理想

野外实践教学是地质类本科生教学工作的重要环节，也是地大的育人优势和优良传统。王老师积极主动地参与野外实习基地的建设工作，自2013年

起坚持每年至少承担 4 周的野外实践教学任务。

2013—2015 年，王老师在秭归实习基地承担了地球物理与空间信息学院 4 周的教学工作，并于 2014 年起担任教学副队长。2016 年开始，他又担任了周口店实习基地实践教学团队队长，全面负责 5 个学院共计 8 周实践教学的实施和教学资源建设。

如何让周口店实习基地焕发新活力？3 年来，王老师带领实践教学团队成员夜以继日，不断改善实习基地的安全保障条件，筑牢了安全防线，确保了每名师生的野外实习安全，累计完成我校 2571 名师生和中国科技大学等 7 所院校 1023 名师生的实践教学工作，实现了零安全事故。在他的带领下，团队成员分批完成了磊孤山、山顶庙、羊屎沟等结晶岩路线的知识点更新，开发了下苇

做有德有行的『教书匠』

233

🌀 **王老师在野外教学现场**

甸、德胜口、车厂等地层路线，整合了东岭子、十渡、黄院等构造教学资源，累计新增 3 条教学路线、28 个教学点，完成 8 条路线的教学内容更新。

时刻关注学生成长，悉心指导学生成才

有效启迪学生的创新思维，才能引领学生走出创新之路，实现人生梦想。2016 年和 2018 年，王老师先后作为教练组组长，全面指导我校参加第四届和第五届全国大学生地质技能竞赛队员的培训工作。

2016 年，王老师首次负责培训工作。在长达半年的备赛期间，虽然他的

孩子还在襁褓之中，但他任劳任怨，几乎把全部精力投入到了培训中，带领培训教员们以"小班化"的教学模式凝练培训内容、总结培训经验、锤炼学生的基本技能。最终，参赛队伍以扎实的基本功获得团队总分第一名的优异成绩，在单项竞赛中共计获得 4 项一等奖、4 项二等奖，创造了地大参赛历史上的最好成绩。

2018 年，王老师率领培训团队进一步完善教学内容，加强野外实践的演练，追求 200m 剖面上达到 1cm 的精度。经过严格培训，参赛队伍蝉联了团队总分第一名，并在单项竞赛中获得特等奖 2 项、一等奖 5 项、二等奖 2 项。参加比赛的黄淼、杨宗□、邱志伟等同学这样说："王老师在培训过程中对我们的要求异常严格，我们时常感到难以理解，但参赛过程中才明白他的良苦用心，确实是高手过招只争毫厘。"

除了指导学生参加全国大学生地质技能竞赛，王老师还担任了地学院011122 班的班主任。2012—2016 年，他始终怀着关爱之心，时刻关注学生的成长。他与大一刚入校的班级学生逐一谈心，帮助他们解决入学时的迷惘与困惑；学生大三时，他又根据每位学生的具体情况，逐一给出合理的建议。4 年间，011122 班从未发生过学生违纪事件和任何安全事故，他也因此被评为校"优秀班主任"。

2014 年以来，王老师承担了多名本科生的学务指导和多名硕士研究生的学术指导工作。他一方面为各位同学在课程学习、专业选择、人生规划等方面答疑解惑；另一方面结合科研课题，对学生进行科研训练。在野外注重培养学生细心观察和忠实记录的能力，在室内注重培养学生的地质思维能力和科学精神。在此期间，他累计指导本科生完成地球科学学院本科生科研立项项目 2 项，完成校级大学生创新创业训练计划 1 项。

积极参与教学建设，持续提升执教能力

王老师深知执教能力是教师的立身之本，是一项需要用一生来反复磨练的职业技能。2012年，他参与编撰并出版了"十一五"国家级规划教材《岩石学》(桑隆康和马昌前主编)，在负责"沉积岩石学"部分的编写过程中，他对沉积岩的知识体系进行了系统梳理。

2017年，王老师开始主持"岩石学"MOOC课程的建设工作，在短短半年的时间内，他和团队成员累计完成了82个教学知识点的设计工作，录制了

🔘 王老师给留学生上课

925分钟的教学视频，进行了繁重的课程后期制作，于2018年顺利完成该MOOC课程的建设，并最终建立了"岩石学"课程线上线下混合式的教学模式。2018年起，他开始担任"岩石学"课程教学团队队长一职，推动了武汉周边"岩石学"课程教学路线的建设工作。

在对"岩石学"课程教学资源的持续建设过程中，王老师不断深化对课程内涵的理解，有针对性地调整了教学方案和教学方法。2013年，王老师以该门课程参加学校第六届青年教师讲课竞赛获得一等奖，2014年他又代表学校参加湖北省第四届高校青年教师教学竞赛，并荣获二等奖。由于在教学

工作方面的倾心投入和获得的显著成果,他于 2015 年获得了朱训青年教师教育奖励基金。

作者简介

赵立民,男,吉林长春人,中国地质大学(武汉)2019 级矿物学、岩石学、矿床学专业博士。曾获第三十二届科技论文报告会校级二等奖,2021 年 5 月被评为地球科学学院优秀共青团员。

31

小草原的最美"掌舵人"
——李江敏老师与学生的故事

导师简介

李江敏，女，湖北老河口人，管理学博士，中国地质大学（武汉）经济管理学院旅游管理系副教授，国家文化和旅游部青年专家，湖北省旅游发展决策咨询专家，湖北省旅游学会副会长，湖北省青年联合会委员。研究方向为遗产旅游和市场研究。主持国家自然科学基金、教育部人文社科基金等课题 10 余项，在《旅游学刊》《经济地理》等期刊发表学术论文 30 余篇，编写或参与编写

《环城游憩行为》《中国旅游文化与非物质文化遗产》等专著或教材 8 部。国家级一流课程"文化遗产与自然遗产"负责人，获首届"最美慕课"全国一等奖，获评校"研究生的良师益友""十佳巾帼建功立业标兵"称号。

经师易遇，人师难遭，与李老师相遇，如开启万家灯火里的一扇明窗，如茂密森林里幸会一树蓊郁的菩提，如寒冷冬日里感受到熠熠的一抹暖阳，何其有幸。

南望相逢,风日晴和人意好

她,身材高挑,面容和蔼,笑容暖心,谦逊有礼,充满热情,那双明亮炽热的眼睛与你对视,仿佛月光下的潺潺清泉,清濯人心,那一抹浅浅的笑容泛起,似暖雨晴风初破冻,温暖和煦。这便是初逢时李老师给我们留下的第一印象。总有人感叹人生若只如初见,我们却庆幸人生不会只如初见,因为你会发现与她相识的过程就像是踏上一次未知的旅途,越往深处去,越有遍地繁花的美景,越有灿烂满天的星河,我们也越发肯定,她就是我们想要成为的榜样。

刚入学确定导师名单后大伙都乐了,因为我们团队有三个"青青",王青、赵青青、伍青青恰巧成为了同门。同学们都开玩笑说:"李老师该怎么喊你们呀,一喊青青全部应答"。与李老师正式见面前她为我们建了一个QQ群,群名称定为"2018青青草原",寓意"青青小草,伊始茸茸",还在群里给我们布置了个小任务,仨人考虑如何区别名字。讨论决定以年龄大小排序,依次是"大青、二青、小青",待正式见面那天自我介绍时,大青提及以年龄取名,李老师笑着提议:"你们觉得大青、小青、青青听起来如何?"原本该称"二青"的"小青"面露笑意,说家里也是这样叫她的。原来李老师早就发现在群里讨论名字时"二青"没有很积极地回应,想来"二青"这名儿也不太好听,发现我们未顾及"二青"的感受。就是这样一件小事,她的温柔细腻如春风般吹进了每位"青青"的心里,南望山下的初逢是那么的美好。此后,她也从未叫错我们的名字,即使我们的名字只有一姓之差,还清楚记得每一位"青青"的喜好,记得谁喜欢吃辣,谁喜欢清淡,谁喜欢吃甜,被人放在心尖上大抵就是这样的感觉。

李老师于我们而言,不仅是让人钦佩的恩师,更是无话不谈的朋友。她

李老师与"青青"们（从左至右依次为：赵青青、伍青青、李老师、王青）

不仅倾听我们的内心，考虑我们的想法，更是在学业和生活中给予我们莫大的关怀和帮助。天气转凉时，总少不了她对我们添衣的叮咛。她深知我们离家求学的心情，总是在端午节、中秋节等各种节日为我们送上小礼物，带领我们体味生活的美好，真真切切让人感到师生一家亲。她热爱生活，热情洋溢，总是以百分百的状态面对我们，就像夜中航行时照亮我们的明灯，坚定而又让人安心。

初心不违，衣带渐宽终不悔

"吾生也有涯，而知也无涯"，终身学习，初心不改的品质在李老师身上有完美体现，这也是她最迷人的所在。在她的引导下，我们渐渐体会到"衣带渐宽终不悔"的快乐。

课堂上，她是传道、授业、解惑人，传授我们最前沿的知识，解答我们专业上的疑惑。但是她的课堂不仅仅是知识传授课，也是初心唤醒课，教导我们始终以一颗真心对待自己的专业，让我们想起最初的热爱，回归最初的自己。

科研中，她是学术的"发烧友"，经常带我们参加国内外学术会议，感受研讨会浓厚的学术氛围，教会我们以积极主动的态度对待学术研究。同时她是"兼收并蓄"的，在学术交叉融合的背景下，她不断学习新的研究方法，从不同的视角研究学术问题，也会鼓励、肯定我们的"天马行空"，引导我们将这种"奇思妙想"变成可以探究的科学问题，让思想的小树苗变成一棵参天大树。

组会时，她是严谨认真的，严格检查我们的"周读"任务，但凡发现我们对待论文、对待学术有丝毫不认真的态度，她都会严厉批评教育，告诫我们"千里之堤，溃于蚁穴"，学术不容有丝毫的懈怠。她及时认真的评价与反馈成为我们认识自我、纠正自我的标杆。

外出调研中，我们和她曾一起伴着清晨六点的太阳外出，踏着夜晚的霓虹归来，为确保访谈资料的真实性，她带着我们走访武汉的大街小巷，政府、企业和个体，任何一个层面都不遗漏。访谈前整理访前资料，详细列出访谈提纲，访谈中双重记录，一边笔录一边录音，访谈后核对访谈，认真仔细，以实际行动践行地大"艰苦朴素，求真务实"的校训精神，这让我们切身体会到科研人员对于学术应该保持的敬畏态度。在李老师的带领下，我们先后在《旅游学刊》《经济地理》等期刊发表多篇学术论文，深深感悟到了科学探索的艰辛与快乐。

未来同舟，乘风破浪万里航

定义她是玫瑰，可她比玫瑰更坚毅；欣赏她是灯塔，可她比灯塔更易靠近；依赖她是大树，可她不仅坚毅还优雅从容。是她带领我们突破一个个难

● 李老师带领学生开展访谈调研

关，面对我们的彷徨、疑惑和忧虑，她从未有过推辞，而是鼓励并倾心相助。遇见"全能"的她，我们真的三生有幸！

李老师是我们"小草原"的最美掌舵人！组会时，她会在总结上一阶段工作的基础上提出一个新的议题，由我们共同讨论。印象最深的是实验方法的讨论，在她的引导下，我们对控制变量、中介变量、实验组、对照组等有了更深刻的了解，也知道如何去运用。在讨论中我们会互相质疑并提出自己的观点和看法，她则会在我们的争吵中记录我们不同的看法，全面分析，肯定我们思考的优点，再针对性地提出建议。组会讨论的现场犹如辩论现场一样，但恰恰是这样的"针锋相对"，使我们提高了自我认知，明白了自己的思维定式，学会了取长补短，也在这样的"争吵"中厘清了疑惑的本质，最为重要的是我们三个"青青"在组会的"争吵"中看到了彼此的长处，欣赏的相视一笑是最好的证明。

她也是"文化遗产与自然遗产"慕课团队的领航人。第一次在慕课上学习"文化遗产与自然遗产"这门课,我们就被画面和内容惊艳了。老师们在课堂上深入浅出讲述古代建筑、古典园林、古城民居、帝王陵寝、道教圣地、奇山丽水、神秘化石等众多遗产类型,集专业、科普、趣味于一体,让我们饱览祖国精华、品味传统文化,认识一段历史、一个时代,爱上一种生活方式,收获资源鉴赏力。慕课的背后是老师们对学术的追求,也是对团队精神的建设。师生一起经历收集资料、撰写脚本、录制视频、完善内容、更新数据的艰辛与快乐。我们不仅是师生,也是有着革命友谊的"战友"。该慕课发布后,学习者的任何一个反馈她都非常重视,任何一个提问她都积极回复、认真对待。一分耕耘,一分收获,"文化遗产与自然遗产"不仅获得"最美慕课"全国一等奖,更有幸获评国家级一流课程。在此过程中,李老师勇敢自信,执着进取,令我们深深折服,也让我们学会乐观坚定地迎接人生的种种挑战。

"研途"漫漫,我们都是追梦人,感恩追梦途中有她相伴;未来同舟,我们愿和她一起乘风破浪,也期待成为她的骄傲。

作者简介

伍青青,贵州安顺人;**王青**,湖北汉川人;**赵青青**,河南南阳人。三人均为2018级旅游管理硕士研究生,在校期间认真学习,积极参与科研、研究生学生会、学生党支部等工作实践。对于遗产旅游研究兴趣浓厚,在《旅游学刊》《经济地理》等期刊发表论文多篇。

❶ 作者与李老师合照

（从左至右依次为：王青、李老师、伍青青、赵青青）